全国电力行业"十四五"规划教材

工程地质

主　编　张保良

副主编　孟昭博　张绪涛　赵庆双

参　编　董　慧　田忠喜　杨秀英　汤美安

　　　　倪振强　袁立群　刘万荣　孟庆春

主　审　刘忠玉

中国电力出版社

CHINA ELECTRIC POWER PRESS

内 容 提 要

本书突出思政特色，将价值塑造、知识传授和能力培养融为一体，探索教材新结构，增强教学过程的实践性、开放性和职业性，融"教、学、做"为一体，能够服务慕课、翻转课堂等教学模式，配合任务驱动、项目导向等教学方法的实施，将教材、教法有机结合，促进教师教学素养提高，具有较强的可操作性。

全书基于"课程思政"与专业教学协同设计，共7章，阐述地壳及其物质组成、地质构造及地质图、水的地质作用、地质灾害、地下建筑工程地质问题和工程地质勘察。

本书可作为普通高等院校土建类相关专业工程地质课程教材和教学参考书，也可供从事建筑设计与建筑施工的技术人员和土建专业成人高等教育师生参考。

图书在版编目（CIP）数据

工程地质 / 张保良主编 . —北京：中国电力出版社，2021.12（2022.11 重印）
ISBN 978-7-5198-6142-1

Ⅰ . ①工… Ⅱ . ①张… Ⅲ . ①工程地质 Ⅳ . ① P642

中国版本图书馆 CIP 数据核字（2021）第 260067 号

出版发行：中国电力出版社
地　　址：北京市东城区北京站西街 19 号（邮政编码 100005）
网　　址：http://www.cepp.sgcc.com.cn
责任编辑：孙　静
责任校对：黄　蓓　李　楠
装帧设计：郝晓燕
责任印制：吴　迪

印　　刷：三河市万龙印装有限公司
版　　次：2021 年 12 月第一版
印　　次：2022 年 11 月北京第二次印刷
开　　本：787 毫米 ×1092 毫米　16 开本
印　　张：10
字　　数：255 千字
定　　价：68.00 元

前　言

为贯彻教育部《高等学校课程思政建设指导纲要》，依据《教育部关于加快建设高水平本科教育　全面提高人才培养能力的意见》，在课程教学中落实立德树人根本任务，将价值塑造、知识传授和能力培养三者融为一体，使马克思主义立场观点方法的教育与科学精神的培养相结合，围绕土木类专业的人才培养目标，遵循学生认知发展规律，适应"课程思政"教学改革发展需求，挖掘专业故事，提炼课程思政因素，探寻思政元素融入路径，合理取舍教学内容而编写本书，本书的编写宗旨是基于课程思政与专业教学协同设计。

本书改变传统教学模式，突出思政特色。编者根据课程内容的不同特点设计课程思政和专业知识的协同融合，既能有助于实现"全员育人、全过程育人、全方位育人"的理念，还将思政内容融合于专业知识体系中，方便教师进行课程思政教学，助推课程思政教学模式的创新。

本书突出理论的应用性和针对性，理论与实践紧密结合，图文并茂、形象生动，既能增强学生的学习兴趣，培养学生的实践能力、创新能力，又强化学生工程伦理教育，激发学生科技报国的家国情怀和使命担当。

本书可作为普通高等学校土木工程、工程管理、工程造价等专业工程地质课程教材和教学参考书，也可供从事建筑设计与建筑施工的技术人员和土建专业成人高等教育师生参考。

全书共7章，主要内容包括地壳及其物质组成，地质构造及地质图，水的地质作用，地质灾害，地下建筑工程地质问题，工程地质勘察。本书编写分工如下：张保良编写第1～3章，赵庆双、孟昭博编写第4章，杨秀英、汤美安编写第5章，赵庆双、张绪涛编写第6章，田忠喜编写第7章，董慧、倪振强负责图表的绘制，刘万荣、袁立群、孟庆春负责数字资源。全书由张保良统稿。

本书得到了山东省本科教学改革研究立项项目面上项目（P2020013）、山东省研究生教育质量提升计划项目（SDYJG19062、SDYY16102、SDYJG21197）、聊城大学校级规划教材建设项目（JC202105）、聊城大学课程思政示范课程（XSK2021001）、中国成人教育协会"十四五"成人继续教育科研规划课题（2021-022Y）、聊城大学课程思政教学改革研究项目（G202064）、教育部产学研项目（311161841）、聊城大学教改项目（G201906、G202124、G202107Z）、聊城大学科研基金立项（318011901、318012014）的支持。

在编写过程中，参考和引用了许多专家、学者的著作、教材和资料，郑州大学刘忠玉教授审阅了全书，在此一并深表谢忱！

限于时间仓促及编者水平，书中难免存在错误及不足，恳请有关专家及广大读者批评指正。

编　者

2021 年 11 月

目　录

前言

1　概述 ………………………………………………………………………… 1

　1.1　地质学与工程地质学 ……………………………………………………… 4

　1.2　工程地质在土木工程中的作用 …………………………………………… 6

　1.3　我国工程地质学的发展历程及趋势 ……………………………………… 7

2　地壳及其物质组成 ………………………………………………………… 10

　2.1　地球的总体特征 …………………………………………………………… 12

　2.2　矿物 ………………………………………………………………………… 15

　2.3　岩浆岩 ……………………………………………………………………… 20

　2.4　沉积岩 ……………………………………………………………………… 25

　2.5　变质岩 ……………………………………………………………………… 29

　2.6　岩石的工程地质性质 ……………………………………………………… 35

3　地质构造及地质图 ………………………………………………………… 42

　3.1　岩层及岩层产状 …………………………………………………………… 44

　3.2　褶皱构造 …………………………………………………………………… 48

　3.3　断裂构造 …………………………………………………………………… 51

　3.4　地质构造对工程建筑物稳定性的影响 …………………………………… 57

　3.5　地质年代 …………………………………………………………………… 60

　3.6　地质图 ……………………………………………………………………… 65

4　水的地质作用 ……………………………………………………………… 70

　4.1　地表流水的地质作用 ……………………………………………………… 72

　4.2　地下水的地质作用 ………………………………………………………… 79

5　地质灾害 …………………………………………………………………… 88

　5.1　滑坡 ………………………………………………………………………… 91

　5.2　危岩和崩塌 ………………………………………………………………… 98

　5.3　泥石流 ……………………………………………………………………… 102

　5.4　岩溶作用 …………………………………………………………………… 106

5.5　地震 ……………………………………………………………………… 112

6　地下建筑工程地质问题 …………………………………………………… 118
　6.1　岩体及岩体结构概述 ………………………………………………… 120
　6.2　地下洞室变形及破坏类型 …………………………………………… 124
　6.3　地下洞室特殊地质问题 ……………………………………………… 128
　6.4　保证洞室围岩稳定的工程措施 ……………………………………… 131

7　工程地质勘察 ……………………………………………………………… 135
　7.1　工程地质勘察的任务和分级 ………………………………………… 137
　7.2　工程地质测绘与调查 ………………………………………………… 140
　7.3　工程地质勘探 ………………………………………………………… 141
　7.4　地下建筑物工程地质勘察 …………………………………………… 143
　7.5　工程地质勘察报告 …………………………………………………… 150
　7.6　与工程有关的勘察要点 ……………………………………………… 151

参考文献 ………………………………………………………………………… 154

1　概　　述

教　学　目　标

（一）总体目标

通过本章的学习，使学生了解学习工程地质的作用和意义，熟悉工程地质的主要内容，区分地质学和工程地质学的不同，掌握工程地质的研究方法，明确工程地质在土木工程中的作用，为课程学习奠定基础。通过我国工程地质学代表学者的成长故事和工程地质引发的灾害事故案例，激发学生对专业的热爱和学习激情，提高爱国热情，培养学生吃苦耐劳的精神。

（二）具体目标

1. 专业知识目标

(1) 了解工程地质对人类建设的作用；

(2) 了解我国工程地质学发展的历史；

(3) 了解工程地质对人类建设的意义；

(4) 熟悉工程地质包括的主要内容；

(5) 理解工程地质学和地质学的概念、研究范围，并区分两者的不同；

(6) 掌握工程地质的研究方法；

(7) 掌握工程地质在土木工程中的作用、内容及发展趋势。

2. 综合能力目标

(1) 能够根据工程地质条件，准确提出工程灾害问题；

(2) 能够结合工程地质内容，设计出工程地质勘察的主要任务；

(3) 结合地质学和工程地质学的内容，区分两者的相同和不同之处；

(4) 深刻理解工程地质在土木工程建设中的重要性。

3. 综合素质目标

(1) 激发学生对专业的热爱和学习激情，提升学生专业认同感；

(2) 以中国工程地质学杰出代表的成长故事提高学生的爱国热情；

(3) 通过中国工程地质的发展历程，使学生具有及时了解本行业发展现状和趋势的自主学习能力。

教学重点和难点

（一）重点

1. 工程地质的科学定义

2. 工程地质的主要任务

3. 工程地质的研究方法

4. 工程地质解决的主要问题

（二）难点

1. 地质学与工程地质学的不同

2. 土木工程中工程地质的稳定研究与评价

教 学 策 略

本章是工程地质课程的第1章，教学内容涉及面广，专业性较强。地质学与工程地质学的不同，土木工程中工程地质的稳定研究与评价是本章教学的重点和难点。为激发学生学习兴趣，帮助学生树立专业学习的自信心，采取"课前引导——课中教学互动——技能训练——课后拓展"的教学策略。

（1）课前引导：提前介入学生的学习过程，要求学生复习土木工程概论、土木工程材料等前期学过的专业基础课程并进行测试，为课程学习进行知识储备。

（2）课中教学互动：教师讲解中以提问、讨论等增加教和学的互动，拉近教师和学生的心理距离，把专业教学和情感培育有机结合。

（3）技能训练：引导学生运用课堂所学专业知识解决实际问题，培育学生实践能力。

（4）课后拓展：引导学生自主学习与本课程相关的其他专业知识，既培养学生自主学习的能力，还为进一步开展课程学习顺利进行提供保障。

教 学 架 构 设 计

（一）教学准备

（1）情感准备：和学生沟通，了解学情，鼓励学生，增进感情。

（2）知识准备：

复习：土木工程材料课程中材料的组成及作用。

预习：教材第一章"概述"。

（3）授课准备：学生分组，要求学生带问题进课堂。

（4）资源准备：授课课件、数字资源库等。

（二）教学架构

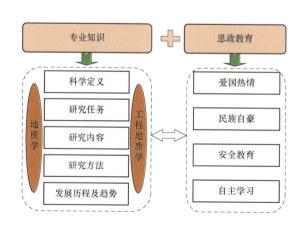

（三）　实操训练

完成论文《地质学与工程地质学的对比分析》。

（四）　思政教育

根据授课内容，本章主要在专业认同感、民族自豪感、自主学习能力三个方面开展思政教育。

（五）　效果评价

采用注重学生全方位能力评价的"五位一体评价法"，即自我评价（20％）＋团队评价（20％）＋课堂表现（20％）＋教师评价（20％）＋自我反馈（20％）评价法。同时引导学生自我纠错、自主成长并进行学习激励，激发学生学习的主观能动性。

（六）　教学方法

案例教学、启发教学、小组学习、互动讨论等。

（七）　学时建议

2/36（课程总学时 36 学时）。

课 前 引 导

（1）课前复习：土木工程制图课程中的绘制建筑施工图。

（2）课前预习：本书概述。

课 堂 导 入

以我国 2008 年 5 月 12 日汶川地震为地质灾害案例开始讲课，首先展示汶川地震发生的地点，给国家造成的损失，救援的具体过程，特别强调科学救援的前提是了解一定的地质学内容，最后从地质学的角度解释汶川地震发生的原因：由于印度洋板块每年以一定的速度向北移动，使得亚欧板块受到压力，并造成青藏高原快速隆升。同时受重力影响，青藏高原东面沿龙门山在逐渐下沉，且面临着四川盆地的顽强阻挡，造成构造应力能量的长期积累。汶川地区的地壳脆性大，韧性小，能量在该地区突然释放，造成了逆冲、右旋、挤压型断层地震。

课程的基本内容和学习方法

1. 基本内容

工程地质是分析不良地质现象，研究一般工程地质问题，制定工程地质勘察基本内容、方法和过程，形成工程地质勘察报告，为工程设计和施工提供依据。

1 概述

2 地壳及其物质组成

回顾汶川地震资料，培养学生的爱国爱民情怀

5·12汶川地震，于北京时间 2008 年 5 月 12 日 14 时 28 分 04 秒，在四川省阿坝藏族羌族自治州汶川县（北纬 31.01°，东经 103.42°）发生的里氏 8.0 级（矩震级达 8.3MW）大地震。

汶川地震

学习行业人物代表，培养学生专业认同感

著名地质学家、教育家，中国现代地球科学和地质工作的主要领导人和奠基人李四光，创建了地质力学，提出了构造体系新概念；提出了古生物蜓科化石分类标准与鉴定方法；建立了中国第四纪冰川学。

李四光先生

3　地质构造及地质图

4　水的地质作用

5　地质灾害

6　地下建筑工程地质问题

7　工程地质勘察

2. 学习方法

（1）注意收集、阅读有关科技文献和资料，了解工程地质方面的新工艺；

（2）通过实际工程案例分析，观察工程地质勘察过程，引证所学的基础知识；

（3）通过作业及实习，提高岩土体的辨别和阅读工程地质勘察报告的能力。

1.1　地质学与工程地质学

1.1.1　地质学

地质学是一门关于地球的科学，其主要研究对象是地球的固体表层——地壳，研究内容主要有以下几方面：

（1）研究地壳的物质组成，由矿物学、岩石学、地球化学等分支学科承担；

（2）研究地壳及地球的构造特征，即研究岩石或岩石组合的空间分布，研究这方面的分支学科有构造地质学、区域地质学、地球物理学等；

（3）研究地球的历史以及栖居在地质时期的生物及其演变过程，研究这方面问题的学科有古生物学、地史学、岩相古地理学等；

（4）地质学的研究方法与手段的研究，如同位素地质学、数学地质及遥感地质学等；

（5）研究应用地质学的理论和方法，解决资源探寻、环境地质分析和工程灾害防治等问题。

1.1.2　工程地质学

1. 工程地质学的科学定义

工程地质学是研究与工程建设有关的地质问题的科学，是为工程建设服务的，属地质学的一个分支学科。

2. 工程地质学的研究对象

工程地质学的研究对象就是工程建筑与地质环境之间的相互制约和相互作用，研究的目的是促使二者之间矛盾的转化和解决。工程地质学为工程建设服务是通过工程地质勘察来实现的。通过勘察和分析研究，阐明建筑地区的工程地质条件，指出并评价存在的问题，为建筑物的设计、施工和使用提供所需的地质资料。

3. 工程地质学的研究任务

（1）研究建筑地区工程地质条件，指出有利因素和不利因素，阐明工程地质条件的变化规律；

（2）分析工程地质问题，进行定性和定量评价，预测发生的可能性、发生的规模和发展趋势，作出确切结论；

（3）选择地质条件较为优越的建筑场地，并根据场址的工程地质条件合理配置各个建筑物；

（4）研究工程建筑物兴建后对地质环境的影响，预测其发展演化趋势，并提出对地质环境合理利用和保护的建议；

（5）提出改善、防治或利用有关工程地质条件，加固岩土体和防治地下水的建议方案。

4. 工程地质学的研究内容

（1）岩土工程性质的研究，研究其性质的形成及其在自然或人类活动影响下的变化，由工程岩土学承担；

（2）工程动力地质作用的研究，即研究工程活动的主要工程地质问题、这些问题产生的工程地质条件、力学机制及其发展演化规律，以便正确评价和有效防治它们的不良影响，由工程地质分析原理来承担；

（3）工程地质勘察理论与方法研究，即探讨调查研究方法，以便有效查明有关工程活动的地质因素，由工程地质学的另外一个分支学科——岩土工程勘察来承担；

（4）区域工程地质研究，研究工程地质条件、工程地质问题的区域性分布规律和特点，主要由区域工程地质学承担。

5. 工程地质学的研究方法

工程地质学的研究对象是复杂的地质体，所以其研究方法是包括地质分析法、实验和测试方法、计算方法和模拟方法等方法的密切结合，即通常所说的定性分析与定量分析相结合的综合研究方法。

（1）地质分析法：即自然历史分析法。是运用地质学的理论，查明工程地质条件和地质现象的空间分布以及它在工程建筑物作用下的发展变化，用自然历史的观点分析研究其产生过程和发展趋势，进行定性的判断。它是工程地质研究的基本方法，也是其他研究方法的基础。

（2）模拟方法：可分为物理模拟（也称工程地质力学模拟）和数值模拟。它们是在通过地质研究，深入认识地质原型，查明各种边界条件，并通过实验研究获得有关参数的基础上，结合建筑物的实际作用，利用相似材料或各种数学方法，正确地抽象出工程地质模型。

（3）实验和测试方法：包括测定岩、土体特性参数的实验，对地应力的量级和方向的测试，对地质作用随时间延续而发展的监测，即通过室内或野外现场试验，取得所需要的岩土的物理性质、水理性质、力学性质数据。长期观测地质现象的发展速度也是常用的试验方法之一。

（4）计算方法：包括应用统计数学方法对测试数据进行统计分析，利用理

公元前256年，战国时期秦国蜀郡太守李冰率众修建的都江堰水利工程，其以年代久、无坝引水为特征是世界水利文化的鼻祖。这项工程主要科学地解决了江水自动分流、自动排沙、控制进水流量等问题，消除了水患，内容涉及了工程地质勘察、水的地质作用、边坡支护设计等各个方面。

都江堰

加拿大特朗斯康谷仓倾斜倒塌，前期没有进行工程地质勘察，不清楚基底含有15cm厚的软弱黏性土，当荷载增大时，孔隙水无法及时排出，地基滑动。

论或经验公式对已测得的有关数据进行计算，以定量地评价工程地质问题。

1.2　工程地质在土木工程中的作用

1.2.1　地基与基础

1. 地基与基础的定义

（1）基础：是建筑物的地下部分，又称下部结构。基础承受整个建筑物的重量并将它传递给地基。基础具有"承上传下"的作用。

（2）地基：承受建筑物全部重量的那部分岩土层称为建筑物的地基。地基一般包括持力层和下卧层。直接与基础接触的岩土层称为持力层，持力层下部的岩土层称为下卧层。持力层的性质、埋藏条件和承载力大小等对基础类型、基础埋深、地基加固和施工方法的选择与确定有很大影响。

2. 地基的分类

基础和地基共同保证建筑物的坚固、耐久和安全，而地基在其中往往起着主导作用。牢固稳定的地基是建筑物安全与正常运行的保证。地基可分为以下两类：

（1）天然地基：未经加固处理、直接支承基础的地基称为天然地基。若地基土层主要由淤泥、淤泥质土、松散的砂土、冲填土、杂填土或其他高压缩性土层所构成，则称这种地基为软弱地基。

（2）人工地基：若地基承载力和变形都不能满足设计要求时，需对地基进行人工加固处理，经过人工加工处理的地基称为人工地基。

1.2.2　地基承载力和变形要求

地基是否具有支承建筑物的能力，常用地基承载力来表达。地基承载力是指地基所能承受由建筑物基础传递来的荷载的能力。要确保建筑物地基稳定和满足建筑物使用要求，地基与基础设计必须满足两个基本条件：

（1）具有足够的地基强度，保持地基受负荷后不致因地基失稳而发生破坏；

（2）地基不能产生超过建筑物对地基要求的容许变形值，保证建筑物不因地基变形而损坏或影响其正常使用。

良好的地基一般具有较高的强度和较低的压缩性。工程地质勘察报告中要提供建筑场地岩土层的地基承载力值。

1.2.3　工程地质在土木工程中的作用

在进行工程建设时，无论是总体布局阶段，还是个体建筑物设计、施工阶段，都应进行相应的工程地质勘察工作。总体规划布局阶段应进行区域性工程地质条件和地质环境的评价；场地选择阶段应进行不同建筑场地工程地质条件的对比，选择最佳的工程地质条件场址方案；在选定场地进行个体工程设计和施工阶段，应进行工程地质条件的定量分析和评价，从而提出适合地质条件和环境协调的建筑物类型、结构和施工方法等方面的建议，拟定改善和防治不良地质作用和环境保护的工程措施等。

为了做好上述各阶段岩土工程勘察工作，必须通过工程地质测绘与调查、勘探与取样、室内实验与原位测试、观测与监测、理论分析等手段获得必要的工程地质资料，并结合具体工程的要求进行研究、分析和判断，以查明工程地质条件，分析论证工程地质问题，提出相关建议。

不良的工程地质条件会影响工程建筑稳定和正常使用、施工安全和工程造价。对于每一项工程建设来说，在工程勘察中所掌握的工程地质条件，都是在工程兴建前的初始地质条件。很多情况下，在建筑物的施工和使用过程中，即在人类土木工程建设活动的影响下，初始条件将会发生很大变化，如地基土的压密、土的结构和性质的改变、地下水位的上升或下降、新的地质作用的产生等。由人类工程活动所引起的工程地质和水文地质条件的变化，在工程地质学中用工程地质作用这一专门的术语来表示。反过来讲，工程地质作用也势必对建筑物施加影响，而有些影响则是很不利的。因此，预测工程地质作用的发展趋势及可能危害的程度，提出控制和克服其不良影响的有效措施，也是工程地质学的主要任务之一。

1.3　我国工程地质学的发展历程及趋势

工程地质学来源于国外的地质调查或地球科学，可以理解为与地质学相关或运用地质学技术方法开展的以满足国家需求、为社会发展服务的一系列工作。国外工程地质学的发展过程主要是根据国家发展、科技创新以及国际环境变化而变化的。大致分为四个阶段：

（1）萌芽阶段，18 世纪中期到 19 世纪中期，主要是进行矿产地质调查和道路、运河等军事工程地质勘察。

（2）快速发展阶段，19 世纪中期到 20 世纪初期，主要是为了满足国家工业发展需求进行国家基础性矿产地质勘探。

（3）稳定发展阶段，20 世纪初期到 20 世纪中期，受第二次世界大战影响，国家开始进行能源和战略性矿产调查，也开启了工程地质灾害方面的勘察。

（4）转型发展阶段，20 世纪中期到 21 世纪初期，国外工程地质学勘察地点由地球陆地扩展至海洋、月球表面，矿产勘查由煤炭、石油、天然气等扩展至油页岩、地热能等，工程地质灾害勘察更加精准。中国的工程地质学在 1949 年以前几乎是空白领域，20 世纪 50 年代左右开始从苏联引入相关的工程地质学理论和方法，正式开始了该学科的发展。

1.3.1　发展历程

1. 传统建筑阶段（中国古代到 20 世纪 20 年代）

在工程建设方面，中国的古代人民凭借超人的智慧，敏锐的判断力建造出了许多难度极高，意义重大的工程建筑。例如，战国时期秦国蜀郡郡守李冰父子修建的都江堰；从西周修建到清的万里长城；公元前 200 多年在广西兴安县建造的灵渠，是连接长江与珠江的重要跨流域水运工程，至今航运不断。

2. 学科萌芽阶段（20 世纪 20 年代到 40 年代）

20 世纪 20 年代李学清先生对长江三峡及四川龙溪河坝址等地开展的地质

加拿大特朗斯康谷仓

学习学者精神，培养爱国热情

谷德振（1914.8.13—1982.6.21），地质学家，工程地质学部，中国科学院学部委员（院士），是我国工程地质和水文地质学界杰出的开拓者、奠基人。抗战爆发后，养病期间还积极参加了密县抗日救国动员委员会、中国青年救国会的抗日宣传活动。

谷德振先生

调查；30 年代地质学家们开展的宝天、川滇、甘新线等公路及铁路建设的地质研究；40 年代中后期因国民生产及生活需求，对岷江、黄河等河流区域的地质考察等为现代中国工程地质学的发展留下了宝贵的参考资料，也自此中国地质学家们开始逐渐关注工程地质学这个在当时新兴的地质学分支。

3. 国外引进阶段（20 世纪 50 年代到 60 年代）

20 世纪 50 年代是形成整个计划经济时期消化、吸收引进技术特殊模式的开端，要想探寻中国当前引进基础上技术创新活动方面存在问题的历史线索，可以从这一时期入手。这一时期中国初步掌握了现代化工厂、矿井、桥梁、水利建设的设计和施工技术，并在大批引进工程的建设过程中迅速发展起有关队伍和机构。如继承和发展了苏联工程地质体系的"地质历史分析法"，并将其应用于滑坡的分析和研究中，对边坡稳定性研究起到了推动作用等。

4. 学科过渡阶段（20 世纪 70 年代到 80 年代初）

从 20 世纪 70 年代开始到 80 年代初，中国的工程地质学开始从几近全盘的引进苏联等国外技术向"引进—借鉴—创新"方向发展。在此阶段，中国工程地质学主要是对以岩（土）体稳定性为主的工程地质问题和地质灾害进行研究评价和检测预测。

5. 现代发展阶段（20 世纪 80 年代中期至今）

通过多年的实践摸索，自 20 世纪 90 年代以来，中国工程地质学正式进入现代发展阶段。在铁路修建、矿山开发、国防建设、城市建设、石油开发、海岸及海洋工程地质勘探等方面，都发挥了巨大的作用，并形成了具有中国特色的"工程地质力学""区域稳定工程地质""地震工程地质""环境工程地质"等新的学科体系。超高层建筑物、青藏铁路、京沪高铁、"五纵七横"、南水北调等超级工程的建设，不仅给百姓生活上带来了便利，也正不断地刷新着世界纪录，突破学科极限，推动科学发展。

1.3.2   我国工程地质学的发展趋势

1. 研究领域拓宽

工程地质学的发展，要在地质学的基础上，综合发展"水利水电工程地质""铁路工程地质""矿山工程地质""城市及房屋建筑工程地质""环境工程地质学"等学科知识，从广度和深度上，拓宽工程地质学的范畴，特别是"环境工程地质学"的形成和发展，为研究人类的工程建设活动与地质环境的相互作用提供了重要数据，为解决资源、发展和环境问题提供了数据保障。为保持较快的稳定发展速度，在能源、交通、现代化建设和矿产资源开发方面将要有更大、更快地发展。同时，为了实施可持续发展战略，要重视环境保护，加强自然灾害的防治。

2. 理论体系完善

我国工程地质学家在 20 世纪 60 年代初，就提出了"以工程地质条件研究为基础，以工程地质问题分析为核心，以工程地质评价为目的，以工程地质勘察为手段"的工程地质理论框架。随着国家技术的发展和对工程实践问题理解的增强，我国工程地质学者通过实践—认识—再实践—再认识的过程，逐步去粗取精，在认识上逐渐趋于一致，由各种各样的工程地质理论形成思想统一的工程地质理论体系。

3. 定量研究增强

我国工程地质学经过长期的定性研究发展，并吸收和发展国外先进的定量理论、方法、技术，形成中国自己的定量理论、方法和技术。定性研究为定量研究提供方向和基础，定量研究验证和深化定性研究成果。因此，要在定性和定量研究的有机结合上狠下功夫，只有这样，工程地质学才能胜任为工程经济建设解决工程地质问题的艰巨任务。

4. 国际合作加强

现代工程地质学的飞速发展，必须加强与环境工程地质、矿山工程地质、地震工程地质、海洋工程地质等多学科、多专业的综合研究学习。同时，还要学习国际上工程地质先进的理论、技术和方法，积极加强国内外技术交流与合作。

课 后 拓 展 学 习

1. 地震基本知识

震级，地震烈度、基本烈度、设防烈度。

2. 我国注册岩土工程师执业资格证书

课 后 实 操 训 练

完成论文"地质学与工程地质学的对比分析"。

教 学 评 价 与 检 测

评价依据：

1. 论文

2. 理论测试题

（1）试说明工程地质学与地质学之间的相互关系。

（2）工程地质学的具体任务有哪些？

（3）工程地质学的研究方法有哪些？

（4）土木工程专业的学生学习工程地质课程，应具备哪些能力要求？

（5）怎样理解"工程地质是工程设计和施工的眼睛"这句话的内涵？

2 地壳及其物质组成

教 学 目 标

（一）总体目标

通过本章的学习，使学生了解地壳的物质组成，矿物与岩石的关系，理解三大类岩石的成因，相互转化及地壳物质循环过程，通过运用三大类岩石的转化及地壳物质循环示意图，锻炼、提高学生读图分析能力。通过对常见岩石的简易识别，了解三类岩石的基本特征，提高学生的观察能力、实践能力。通过填绘地壳物质循环示意图，说明地壳物质的循环过程，从而提高学习和想象能力。激发学生探究关于地壳物质组成和物质循环的兴趣和动机，养成求真、求实的科学态度，提高学生地理审美情趣。通过"地壳及其物质组成"的学习，让学生了解物质是运动变化的，从而树立辩证唯物主义观，激发学生爱科学、学科学的兴趣，培养学生分析研究地理问题的科学方法和精神。

（二）具体目标

1. 专业知识目标

（1）掌握地球的组成成分，包括外部层圈、地壳、地幔、地核，以及地质作用分类；

（2）掌握矿物的含义、形态、物理性质及常见矿物；

（3）掌握岩石的定义、结构、构造及分类；

（4）掌握岩石的分类——火成岩、沉积岩、变质岩；

（5）掌握岩石的工程地质性质。

2. 综合能力目标

（1）根据矿物的物理力学性质判别矿物的组成；

（2）岩石的组成成分、节理构造形成原因。

3. 综合素质目标

（1）激发学生对专业的热爱和学习激情，提升学生专业认同感；

（2）以中国工程地质学杰出代表的成长故事提高学生的爱国热情；

（3）通过学习岩石的形成过程，感悟人生发展历程面临的机遇和挑战。

教 学 重 点 和 难 点

（一）重点

（1）学习火成岩、沉积岩、变质岩的特征；

（2）岩石的主要物理性质、力学性质。

（二）难点

(1) 火成岩、沉积岩、变质岩的成因及区分；

(2) 三种类型岩石的力学性质。

教 学 策 略

本章主要讲述地壳及其物质组成，专业性较强。学习岩石成因、特征，了解岩石物理、力学性质等是本章教学的重点和难点。为激发学生学习兴趣，帮助学生树立专业学习的自信心，采取"课前引导—课中教学互动—技能训练—课后拓展"的教学策略。

(1) 课前引导：提前介入学生学习过程，要求学生复习土木工程概论、土木工程材料等前期学过的专业基础课程并进行测试，为课程学习进行知识储备。

(2) 课中教学互动：课堂教学教师讲解中以提问、讨论等增加教和学的互动，拉近教师和学生心理距离，把专业教学和情感培育有机结合。

(3) 技能训练：引导学生运用课堂所学专业知识解决实际问题，培育学生实践能力。

(4) 课后拓展：引导学生自主学习与本课程相关的其他专业知识，既培养学生自主学习的能力，还为进一步课程学习提供保障。

教 学 架 构 设 计

（一）教学准备

(1) 情感准备：和学生沟通，了解学情，鼓励学生，增进感情。

(2) 知识准备：

复习：土木工程材料课程中材料的组成及作用。

预习：本书第二章地壳及其物质组成。

(3) 授课准备：学生分组，要求学生带问题进课堂。

(4) 资源准备：授课课件、数字资源库等。

（二）教学架构

专业知识
1. 地球的组成成分、地质作用分类
2. 矿物含义、形态、物理性质及常见矿物
3. 岩石的定义、结构、构造及分类
4. 岩石的分类：火成岩、沉积岩、变质岩
5. 岩石的工程地质性质

1. 激发学习热情，提升专业认同感
2. 学习榜样力量，树立奋斗目标
3. 认清当前发展现状，提高思想认识
4. 坚若磐石的品格

思政教育

（三）实操训练

完成调查报告《地球表面动物发展过程》。

（四）　思政教育

根据授课内容，本章主要在专业认同感、民族自豪感、自主学习能力三个方面开展思政教育。

（五）　效果评价

采用注重学生全方位能力评价的"五位一体评价法"，即自我评价（20%）＋团队评价（20%）＋课堂表现（20%）＋教师评价（20%）＋自我反馈（20%）评价法。同时引导学生自我纠错、自主成长并进行学习激励，激发学生学习的主观能动性。

（六）　教学方法

案例教学、启发教学、小组学习、互动讨论等。

（七）　学时建议

6/36（课程总学时 36 学时）。

课 前 引 导

（1）课前复习：本书第 1 章概述。

（2）课前预习：本书第 2 章地壳及其物质组成。

课 堂 导 入

以自然界各种岩石开始课程，首先展示岩石的不同表现形式、性质、特点、用处，特别强调科学应用的前提是了解一定的地质学内容，最后从地质学的角度解释岩石形成的原因、方式、过程。

课程的基本内容和学习方法

1. 基本内容

通过本章学习，学生应掌握地质作用的类型、矿物的概念及主要造岩矿物的性质；了解三大岩类的分类，掌握肉眼鉴定矿物及三大岩类的方法；正确认识影响岩石工程地质性质的因素；掌握风化作用的概念、类型及其表现形式。

2. 学习方法

（1）注意收集、阅读有关科技文献和资料，了解岩石、矿物的鉴别方法；

（2）通过分析三大类岩石形成机理，引证其结构、构造特点及分类；

（3）通过作业及实习，提高岩土体的辨别和阅读工程地质勘察报告的能力。

2.1　地球的总体特征

2.1.1　地球的形态及大小

地球表面是崎岖不平的，通常所说的地球形状是指大地水准面所圈闭的形状。所谓大地水准面是指由平均海平面所构成并延伸通过陆地的封闭曲面。地球的整体形状如图 2-1 所示，是扁率很小的旋转椭球体（扁球体）。

寻求真理，正视事实，勇于探索和不惜献身

阿尔弗雷德·魏格纳，1880 年 11 月 1 日生于柏林，1930 年 11 月在格陵兰考察冰原时遇难。德国地质学家、气象学家，大陆漂移说创立者，主要研究大气热力学和古气象学，被称为"大陆漂移学说之父"。

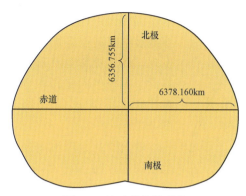

图 2-1　地球的整体形状

1. 地球的表面形态

地球的表面形态高差变化很大，基本上可以分为陆地与海洋两大部分。大陆约占地球表面的 29.2%，平均高度为 800m，最高点珠穆朗玛峰海拔为 8844.43m；大洋的面积约占地球表面的 70.8%，平均深度为 3900m，最深处在马里亚纳海沟，深度达 11034m。如果将地球表面抹平，则地球表面将位于海平面以下 2.44km 的深度。

地球上的陆地并不是一个整体，而是被海水分割成一些分离的陆块，其中大块的称为陆地，小块的称为岛屿。

根据不同海拔区别不同地貌，见表 2-1。山地：海拔高于 500m，地形起伏大于 200m 的地区；丘陵：有一定起伏的低矮地区，它是近期地壳大面积整体隆起上升的结果；盆地：四周为山，中央低平如盆状的地区。

板块漂流

表 2-1　　　　　　　　　根据不同海拔区别不同地貌

名称	高山	中山	低山	丘陵	平原	高原
地形起伏/m	200～1000			<500	表面平坦、起伏较小的广阔地区	
海拔高度/m	>3500	1000～3500	500～1000	<200	大于600	

2. 地球的内部圈层

地壳是莫霍面以上的地球表层，其厚度变化较大，在 5～70 公里之间。其中大陆地区厚度较大，平均约 33 公里；大洋地区厚度较小，平均约 7 公里，总体的平均厚度约 16 公里；约占地球半径的 1/400，占地球总体积的 1.55%，占地球总重量的 0.8%。地壳物质密度多为 2.6～2.9g/cm³，向下部密度增大。

地壳是由固体物质组成，包括岩浆岩、变质岩和沉积岩，而岩石是由矿物组成的。

地核是古登堡面至地心的部分，占地球总体积的 16.2%，占地球总重量的 31.3%，地核密度达 9.98～12.5g/cm³。根据地震波的特点可以进一步将地核分为外核（深度 2885～4170km）、过渡层（深度 4170～5155km）和内核（5155km～地心）。

我国自主研发潜水器探测马里亚纳海沟：

2016 年 6 月 22 日至 8 月 12 日，我国"探索一号"科考船在马里亚纳海沟海域开展了我国海洋科技发展史上第一次综合性万米深渊科考活动。我国自主研制的"海斗"号无人潜水器下潜 10767 米。这次"海斗"号不仅创造了我国水下机器人的最大下潜深度记录，并为我国首次获取了万米以下深渊及全海深剖面的温盐深数据。从此，万米深海不再是我国海洋科技界的禁区！

地球内部构造

板块运动

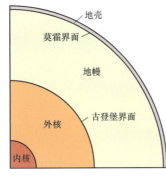

图2-2   地球内部结构示意图

莫霍面是地壳与地幔的分界面,由克罗地亚地震学家莫霍洛维奇(Andrija Mohorovičić)发现,因此被称为莫霍洛维奇间断面,简称莫霍面。古登堡面是指古登堡界面,根据地震波波速变化而划分,是地幔与地核的分界面,如图2-2所示。

软流圈:通过地震弹性波的研究,发现在地幔顶部(约50~250km)存在一个地震波速度减低带,该带约有5%的物质为熔融态,易发生塑性流动,称为软流圈。

岩石圈:软流圈之上的物质均为固态,称为岩石圈。

板块:岩石圈具有较强的刚性,并分裂成许多块体,称为板块。

板块运动:板块浮于软流圈之上并随之运动,即为板块运动,也是构造运动发生的根源。

2.1.2   地质作用

地质作用是指促使组成地壳的物质成分、构造和表面形态等不断变化和发展的各种作用。根据能量的主要来源和作用部位,地质作用分为内力地质作用和外力地质作用。内力地质作用和外力地质作用的能量分别对应内能和外能。内能指地球内部的能量,包括重力能、地球自转的旋转能等;外能指来自于地球外部的能量,包括太阳能、月球引力等。引起地质作用发生变化的动力称为地质应力。

(1)内力地质作用是由内能产生的地质动力所引起的地质作用。表现形式为构造运动、岩浆作用、变质作用和地震等。

1)构造运动是地壳的机械运动。当发生水平方向运动时,常使岩层受到挤压产生褶皱,或是使岩层拉张而破裂。垂直方向的构造运动使地壳出现上升或下降。青藏高原最近数百万年以来的隆升是垂直运动的表现。

2)岩浆作用是指岩浆沿地壳软弱破裂地带上升造成火山喷发形成火山岩或是在地下深处冷凝形成侵入岩的过程。

3)变质作用是指构造运动与岩浆作用过程中,使原有的岩石受温度、压力和化学性质活泼的流体作用,在固体状态下发生物质成分和特征的改变,转变成新的岩石,即变质岩的形成过程。

4)地震是接近地球表面岩层中构造运动以弹性波形式释放应变能而引起地壳的快速颤动和震动。

(2)外力地质作用是由外能引起的地质作用。表现形式为风化、剥蚀、搬运、沉积和成岩作用。

1)风化作用:如图2-3所示,在地表或接近地表的环境中,由于温度变化、大气和水溶液及生物等因素的影响,组成地壳表层的岩石发生崩裂、分解等变化,以适应新环境的作用。按照因素的不同可以分为物理风化、化学风化

楼兰古国是古丝绸之路上的一个小国,位于罗布泊西部,处于西域的枢纽,王国的范围东起古阳关附近,西至尼雅古城,南至阿尔金山,北至哈密。在古代丝绸之路上占有极为重要的地位,现今只留下了一片废墟遗迹。

楼兰古国在公元前176年建国,公元630年却突然神秘消失,共有800多年的历史。

和生物风化作用。

2）剥蚀作用：如图 2-4 所示，风、冰川、流水、海浪等地质应力将风化产物从岩石上剥离下来，并对未风化的岩石进行破坏，不断改变岩石面貌的地质作用。

(a) 球形风化

(b) 差异风化

图 2-3   风化作用

图 2-4   剥蚀作用

直播黄河

3）搬运作用：如图 2-5 所示，风化剥蚀的产物在地质应力作用下离开母岩区，经过长距离的搬运，达到沉积区的过程。

4）沉积作用：如图 2-6 所示，由于搬运能力的减弱，物理化学条件的变化或生物作用，被搬运的物质经过一定的距离后，从风或流水等介质中分离出来，形成沉积作用。沉积作用的方式有机械沉积、化学沉积和生物沉积作用三种。

图 2-5   搬运作用

图 2-6   沉积作用

5）固结成岩作用：刚堆积的物质是松散多孔的并富含水分，被后来的沉积物覆盖埋藏后，在重压下排出水分，孔隙减小并被胶结，由松散堆积物渐变为坚硬的岩石，也就是沉积岩。

2.2 矿   物

2.2.1 矿物概念

矿物是指具有一定化学性质和物理性质的单质和化合物的统称，是组成岩石的基本单位，也是组成地壳的基本物质。岩石矿物是构成岩石的矿物。目前，自然界已经发现的矿物约有 3300 多种，但最主要的造岩矿物只有 30 几种，如石英，方解石，正长石等。

晶族

放射状集合体

维状集合体

钟乳状集合体

2.2.2   矿物形态

矿物单体形态分为结晶质和非结晶质矿物。结晶体：元素质点在矿物内部按一定的规律重复排列，形成稳定的结晶格子构造，有规则的、固定的几何外形。非结晶体：矿物内部的元素质点排列没有一定的规律性，外表几何形态不固定、不规则。

造岩矿物绝大部分是结晶体。晶体习性：在相同生长环境下，同种矿物的单个晶体往往都有自己特定的形态，如图 2-7 所示。

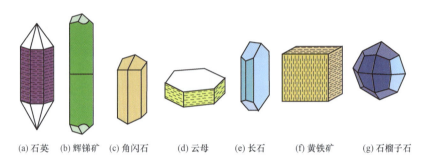

(a) 石英   (b) 辉锑矿   (c) 角闪石   (d) 云母   (e) 长石   (f) 黄铁矿   (g) 石榴子石

图 2-7   几种矿物的晶体形态

矿物集合体形态按照其中的单体排列方式可分为以下几种。

（1）晶族：一端在基底面，一端自由发育，如石英晶族。

（2）放射状集合体：呈现柱状、针状或片状的矿物单体，以一点为中心向四周放射，如菊花石。

（3）纤维状集合体：针状、柱状的矿物单晶体密集平行排列而成，如石棉。

（4）树枝集合体：由一个晶芽开始生长，在棱角处分支。

（5）结核状集合体：呈现球状或椭球状，与围岩有明显界面。

（6）钟乳状集合体：因失水凝聚而成，一般呈圆锥形或圆柱形。如我国云南、广西的喀斯特地形，临沂大峡谷等。另外还有晶腺状集合体、土状集合体、块状集合体。

2.2.3   矿物分类

按生成条件分类，可分为以下几种。

（1）原生矿物：由岩浆冷凝形成，多呈块状或粒状。

（2）次生矿物：由原生矿物经化学风化作用形成，多呈片状或针状。

（3）变质矿物：在变质作用过程中形成的矿物。

2.2.4   矿物的性质

1. 矿物的光学性质

（1）颜色。

颜色是矿物对可见光波的吸收作用产生的。

1）自色：是矿物本身固有的颜色，比较固定。例如，黄金、赤铁矿等。

矿物自色：

黄金

赤铁矿

孔雀石

2）他色：是矿物混入了某些杂质所引起的，与矿物本身的性质无关；他色不固定，随杂质的不同而异。例如，石英、烟水晶等，如图2-8所示。

3）假色：由于矿物内部的裂隙或表面的氧化膜对光的折射、散射所引起的。例如，孔雀石，如图2-9所示。

做学问要顶天立地

陈清如是我国著名的矿物加工专家、教育家，矿物加工学科的奠基者和开拓者之一，长期致力于选矿理论与技术研究，主持建立了我国第一座重介质旋流器末煤选煤厂；指导研究设计了我国第一台筛下空气室跳汰机；研制出世界第一台煤用概率分级筛；创建了"空气重介质稳定流态化"的选矿理论和技术，并建立了世界第一座空气重介质流化床干法选煤示范厂，为我国矿物加工领域的科研、教育事业做出了卓越的贡献

(a) 他色——粉水晶(玫瑰石英)

(b) 他色——烟水晶

图 2-8　他色矿物

（2）条痕。

条痕是矿物粉末的颜色。一般是指矿物在白色无釉的瓷板上刻画时所留下的粉末颜色。条痕只适用于深色矿物，如图2-10所示，对鉴定浅色矿物没有意义。

图 2-9　假色孔雀石

图 2-10　鉴别矿物的条痕

（3）光泽。

光泽是矿物表面对可见光的反射能力。矿物表面呈现的光亮程度，是矿物表面反射率的表现，如图2-11所示。

1）金属光泽：反射很强，类似于镀铬金属平滑表面的反光。

2）半金属光泽：反射强，如同一般金属的反光。

3）非金属光泽：绝大部分造岩矿物所具有的光泽。

其中，非金属光泽见表2-2，由强到弱依次为：金刚光泽、玻璃光泽、油脂光泽、丝绢光泽、珍珠光泽、蜡状光泽、土状光泽。

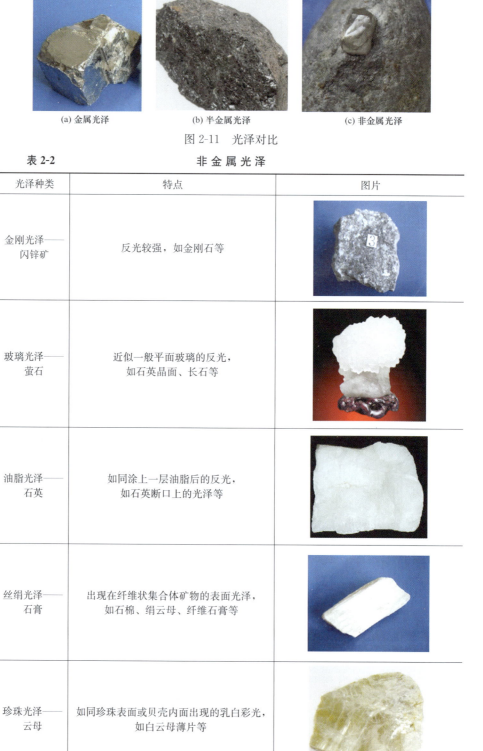

金属光泽：

黄铁矿

方沿矿

半金属光泽：

磁铁矿

铬铁矿

(a) 金属光泽   (b) 半金属光泽   (c) 非金属光泽

图 2-11   光泽对比

表 2-2   非 金 属 光 泽

光泽种类	特点	图片
金刚光泽——闪锌矿	反光较强，如金刚石等	
玻璃光泽——萤石	近似一般平面玻璃的反光，如石英晶面、长石等	
油脂光泽——石英	如同涂上一层油脂后的反光，如石英断口上的光泽等	
丝绢光泽——石膏	出现在纤维状集合体矿物的表面光泽，如石棉、绢云母、纤维石膏等	
珍珠光泽——云母	如同珍珠表面或贝壳内面出现的乳白彩光，如白云母薄片等	

续表

光泽种类	特点	图片
蜡状光泽——滑石	由于隐晶质或细微的颗粒所造成，光泽呈亮蜡状	1cm
土状光泽——高岭石	矿物表面反光暗淡，如高岭石等	

相对密度是矿物在标准大气压下的质量与4℃纯水质量的比值。相对密度大于4属于重矿物；相对密度为2.5～4属于中等密度矿物；相对密度小于2.5属于轻矿物。

2. 矿物的物理性质

（1）硬度。硬度是矿物抵抗外力刻划、压入或研磨等机械作用的能力。硬度对比的标准，见表2-3，从软到硬依次有10种矿物。

表 2-3　　　　　　　　从软到硬十种矿物

硬度等级	1	2	3	4	5	6	7	8	9	10
标准矿物	滑石	石膏	方解石	萤石	磷灰石	长石	石英	黄玉	刚玉	金刚石

矿物的硬度是根据两种矿物对刻时是否被刻伤的情况而确定的。常见造岩矿物的硬度大部分在2～7之间；在野外，可用指甲（2～2.5度）、铜钥匙（3度）、硬币（3.5度）、钢刀（5～5.5度）等对矿物硬度进行粗略鉴别。

（2）解理。解理是矿物受打击后，能沿一定方向裂开成光滑平面的性质。

1）根据解理出现方向的数目分类。

① 一个方向的解理又称一组解理（云母）；

② 两个方向的解理又称两组解理（长石）；

③ 三个方向的解理又称三组解理（方解石）。

2）根据解理完全程度划分。

① 极完全解理：极易裂成薄片，解理面大而平整，平滑光亮（云母）；

② 完全解理：常沿解理方向裂成小块，解理面平整光亮（方解石）；

③ 中等解理：既有解理面，又有断口（长石）；

一向极完全解理：

云母

二向中等解理：

斜长石

三向完全解理：

方解石

不完全解理：

磷灰石

④ 不完全解理：常出现断口，解理面很难发现，如磷灰石。

（3）断口。断口是矿物受打击后，形成的不具方向性的不规则的破裂面。根据断口的形态特征可分为：贝壳状断口、参差状断口、锯齿状断口、平坦状断口。

（4）矿物的其他物理性质有磁性、导电性、延展性、弹性、扰性、放射性等。

2.3　岩　浆　岩

2.3.1　岩石

岩石是由一种或几种矿物组成的矿物集合体，具有一定的结构和构造。按成因分为岩浆岩（magmatic rock），沉积岩（sedimentary rock），变质岩（metamorphic rock）。岩石的主要特征包括矿物成分、结构、构造。岩石的结构是岩石中矿物颗粒的结晶程度、大小、形状，以及其彼此间的组合方式等特征。岩石的构造是指岩石中矿物的排列方式和填充方式所反映出来的外貌特征。

2.3.2　岩浆岩的形成过程

岩浆是存于上地幔和地壳深处，以硅酸盐为主要成分，富含挥发性物质，处于高温、高压状态下的熔融体。地下深处相对平衡状态下的岩浆，受地壳运动的影响，就会沿着地壳中薄弱、开裂地带向地表方向活动，岩浆的这种运动称为岩浆作用。若岩浆上升未达地表，在地壳中冷却凝固，这种岩浆作用称为岩浆侵入作用；若岩浆冲出地表，在地面上冷却凝固，称为火山作用，如图 2-12 所示。

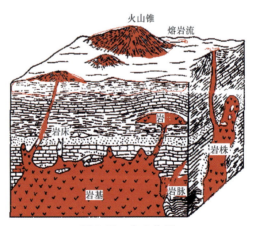

图 2-12　火山作用

组成岩浆岩的化学元素中 O、Si 占总质量的 75%，占总体积的 93%，其次是 Al 和 Fe。根据 SiO_2 的含量，可以将岩浆岩进行分类，具体见表 2-4。

表 2-4　　　　　　　　　　岩浆岩分类

类型	SiO₂含量	主要矿物成分	颜色	比重
酸性岩类	>65%	石英、正长石	浅	轻
中性岩类	65%～52%	正长石、角闪石、斜长石	较深	较大
基性岩类	52%～45%	斜长石、辉石	深	大
超基性岩类	<45%	辉石、橄榄石	很深	很大

1. 岩浆岩的产状

岩浆岩的产状指岩浆岩的形态、大小及其与周围岩体间的相互关系。因此，岩浆岩的产状既与岩浆性质密切相关，也受周围岩体及环境的控制。常见岩浆岩产状有以下几种：

（1）岩基和岩株：属深成侵入岩产状。岩基规模最大，基底埋藏深，多为花岗岩；岩株规模次之，形状不规则，宏观呈树枝状。

（2）岩盘和岩床：属浅成侵入岩产状。岩盘形成透镜体或倒扣的盘子状岩体，多为黏性较大的酸性岩浆形成；岩床形成厚板状岩体，多为黏性较小的基性岩浆形成。

（3）岩墙和岩脉：属规模较小的浅成侵入岩产状。岩浆沿近垂直的围岩裂隙侵入，形成的岩体称岩墙，长数十米至数千米，宽数米至数十米；岩浆侵入围岩各种断层和裂隙，形成脉状岩体，称脉岩或岩脉，长数厘米至数十米，宽数毫米至数米。

（4）火山颈：火山喷发时，岩浆在火山口通道里冷凝形成的岩体，呈近直立的不规则圆柱形岩体，属于浅成与喷出之间的产状。

（5）岩钟和岩流：属喷出岩的产状。岩钟是黏性大的酸性岩浆在喷出火山口后，于火山口周围冷凝而成的钟状或锥状岩体，又称火山锥；岩流是黏性小的基性岩浆在喷出火山口后，迅速向地表较低处流动，边流动边冷凝而成的岩体，它在一定地表面范围内覆盖一定的厚度，也称岩被。

2. 按产出状态分类

（1）侵入岩：岩浆侵入地壳形成的，又分为浅成岩（≤3km）和深成岩（>3km）。

（2）喷出岩：由喷出地表的岩浆冷凝形成的。

岩浆岩由岩浆侵入地下或喷出地表后冷却凝结而成的岩石，又称火成岩。在地壳运动作用下，承受巨大压力的岩浆会沿着构造薄弱带上升，侵入地壳或喷出地表；在上升过程中，压力减小，热量散失，经过复杂的物理化学过程，最后冷却凝结，形成岩浆岩，也称岩浆作用。

2.3.3　岩浆岩的地质特征

1. 岩浆岩的结构和构造

（1）岩浆岩的结构。岩浆岩的结构是指组成岩石的矿物的结晶程度、晶粒大小、形状及其相互结合的情况。岩浆岩的结构特征取决于岩浆岩成

冰岛火山喷发形成岩浆岩，登山者近距离拍摄：

　　3月20日，冰岛西南部雷克雅内斯半岛附近，格尔丁达加尔斯戈斯火山喷发。气象局工作人员表示，火山喷发处出现了一条500～750m长的裂缝，喷发出的熔岩高度大约为100m。

常见岩浆岩

分和冷凝时的物理环境。常见的结构有：①全晶质结构：全部由结晶矿物组成（深成岩）。②斑状结构：结晶斑状和斑状的玻璃质组成（浅成岩、喷出岩）。③玻璃质结构：全部由玻璃质矿物组成（喷出岩）。④隐晶质结构：全结晶，晶粒极细小，肉眼不可分辨（喷出岩）。⑤非晶质结构：全部不结晶（喷出岩）。

（2）岩浆岩的构造。

1）块状构造：岩浆岩中最常见的一种构造，矿物分布比较均匀，无一定的排列方向（花岗岩等侵入岩）。

2）流纹状构造：不同颜色的矿物、玻璃质、拉长气孔以及长条形矿物沿一定方向排列所形成的流动状构造（流纹岩等喷出岩）。

3）气孔状构造：岩浆凝固时，挥发性的气体未能及时逸出，在岩石中留下许多各种形状的孔洞（玄武岩、浮岩等喷出岩）。

4）杏仁状构造：气孔被后期矿物充填所形成的一种形似杏仁的构造。

2. 岩浆岩的分类

（1）酸性岩类：花岗岩、流纹岩。

（2）中性岩类：安山岩、闪长岩、正长岩。

（3）基性岩类：辉长岩、玄武岩、辉绿岩。

（4）超基性岩类：很少见。

3. 岩浆岩肉眼鉴别

见表 2-5：①先看岩石整体颜色的深浅；②分析岩石的结构和构造；③分析岩石的主要矿物成分，确定岩石的名称；④参考岩浆岩的鉴定特征。

岩浆岩分类表

表 2-5　　　　　　　　　　岩浆岩肉眼鉴别

名称	形状	颜色	解理与断口	硬度	鉴定特征	图片
石英	六方柱块状	无色、乳白	无、贝壳状	7	无色、硬度很大、无解理、贝壳断口、油脂光滑	
正长石	柱状、薄板状	肉红、灰白	一组完全、一组中等	6	肉红色、粗短柱状、两向正交解理	

续表 读书笔记：

名称	形状	颜色	解理与断口	硬度	鉴定特征	图片
斜长石	板状、短柱状	灰白	一组完全、一组中等	6	灰白色、板状、两向斜交解理	
白云母	片状	无色、白	单向极完全	2.5～3	无色、白色薄片有弹性	
黑云母	片状	黑、棕黑	单向极完全	2.5～3	深色、薄片有弹性、一组极完全解理	
角闪石	长柱状	深绿黑色	两组完全	6	绿黑色、长柱状	
辉石	短柱状、粒状	绿黑至黑色	两组完全	6	绿黑或黑色短柱状	
橄榄石	粒状集合体	橄榄绿	无、贝壳状	6.5～7	橄榄绿色、粒状集合体	

读书笔记：

续表

名称	形状	颜色	解理与断口	硬度	鉴定特征	图片
方解石	菱面体、块体	白、褐红	三组完全	3	菱形块体与HCL激烈反应	
白云石	菱面体、块体	灰白	三组完全	3.5~4	菱形块体与HCL微反应	
硬石膏	板状、柱状	无色、灰白	三组完全	3~3.5	灰白、三组完全解理面、遇水膨胀	
石膏	板状、纤维状	无色、灰白	单向完全	1.5~2	板状或纤维状、一组完全解理	
滑石	块状、鳞片状	灰白、淡红	单向完全	1	浅灰色、有滑感、性软	
绿泥石	鳞片状集合体	深绿	单向完全	2~2.5	深绿、鳞片状集合体、薄片有挠性	

续表

名称	形状	颜色	解理与断口	硬度	鉴定特征	图片
伊利石	鳞片状、土状	白、浅黄等	单向完全	1	性软、有可塑性	
蒙脱石	土状	白、浅红等	单向完全	1～2	性软、滑腻、吸水膨胀	
赤铁矿	块状、鲕状	红褐、铁黑	无、土状	5.5～6	红褐至铁黑色、条痕樱红色	
蛇纹石	块状、纤维状	黄绿至黑色	无、贝壳状	3～3.5	绿黑、深绿有斑状色纹似蛇皮	
磷灰石	针状六面体	白、绿	不完全	5	灰白色、呈多种集合形态	

2.4 沉 积 岩

2.4.1 沉积岩形成过程

沉积岩体积占地壳的 7.9%，面积占陆地表面积的 75%，是在地表的常温常压条件下，由原岩经过 4 个作用过程而形成的。地表和地下水不太深的地方由成层沉积的堆积物固结形成的岩石，是地表分布最广的岩石。

沉积岩形成过程示意图

把技术握在自己的手中

冯夏庭（1964年9月—），安徽潜山人，毕业于东北大学，岩石力学专家，国际岩石力学学会会士，中国工程院院士，现任东北大学校长。

他长期从事岩石力学与工程领域的研究工作，在深部地下工程稳定性分析理论、设计计算方法、工程实验技术等方面做出了突出贡献。

（1）原岩风化破碎作用，原岩经过风化作用，形成的各种松散破碎物质，称为松散沉积物，它们是构成新的沉积岩的主要物质来源。风化产物有碎屑沉积物（碎屑岩）、黏土沉积物（黏土岩）、化学沉积物（化学岩和生物化学岩）。

（2）沉积物的搬运作用，风化产物的性质不同，它们的搬运、沉积方式也不同。按其搬运的方式可分为：机械搬运，通过悬浮、跳跃、滚动等方式搬运碎屑物质和黏土物质；化学搬运，通过溶解物质实现；生物搬运，通过生物对土层的扰动，人类活动等方式实现。

（3）沉积物的沉积作用。

1）碎屑和黏土沉积物的沉积：当搬运力逐渐减小时，被搬运的沉积物按其大小、形状和密度不同，先后停止搬运而沉积下来，大、重、圆球的先沉积。

2）化学沉积物的沉积：化学沉积作用的前提是物质在水中离解成离子或分散成胶体成为真溶液或胶体溶液。这种物态的转变在任何有水的地方都可发生，由于水具有极强的流动性和浸润性，所以它们一旦进入到水中实际就已处在了迁移（或被搬运）状态。

（4）成岩作用又包括压固脱水作用、胶结作用、重新结晶作用、新矿物的生成，其中胶结物包括硅质、铁质、钙质、碳质、泥质，新矿物包括方解石、燧石、白云石等。

2.4.2　沉积岩地质特征

1. 沉积岩的结构特征

（1）碎屑结构：碎屑物质被胶结而形成的结构，这是沉积岩特有的结构，如图2-13所示。按碎屑粒径的大小可分为：①砾状结构：$d>2mm$；②砂质结构：$d=2\sim0.05mm$；③粉砂质结构：$d=0.05\sim0.005mm$。

（2）泥状结构：$d<0.005mm$的黏土矿物颗粒组成的结构。

（3）化学结构：溶液中沉淀或重结晶的晶粒形成的结构。

（4）生物结构：由生物遗体或碎片组成的结构。

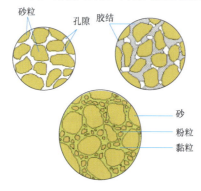

图2-13　沉积岩的结构特征

2. 沉积岩的构造特征

（1）层理构造是沉积岩最主要的构造，是区别岩浆岩和变质岩的重要标志。沉积岩在形成过程中，由于沉积环境的改变，使先后沉积的物质在成分、颗粒大小、形状和颜色上发生变化而显示出来的成层现象。岩层有夹层、变薄、尖灭、透镜体四种形态，如图2-14所示。尖灭是岩层一端较厚，一端逐渐变薄以至消失。透镜体是岩层两端在不大的距离内都尖灭而中间较厚。层理构造的类型如图2-15所示，有水平层理、斜层理、交错层理、波状层理。

（2）层面构造是岩层面上保留的，反映沉积岩形成时，由于水流、风、生物活动、阳光曝晒等作用留下的痕迹。

（3）化石是沉积过程中，有各种生物遗体或遗迹埋藏于沉积物中，后经石化作用保存下来。

波痕

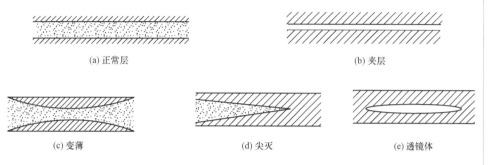

（a）正常层   （b）夹层

（c）变薄   （d）尖灭   （e）透镜体

图 2-14 岩层的几种形态

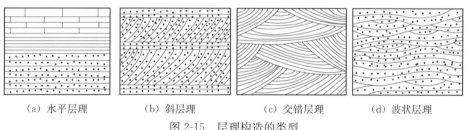

（a）水平层理   （b）斜层理   （c）交错层理   （d）波状层理

图 2-15 层理构造的类型

泥裂

3. 沉积岩的分类及常见的沉积岩鉴定

（1）常见的沉积岩有碎屑岩类，包括火山碎屑岩（火山集块岩、火山角砾岩、凝灰岩）和沉积碎屑岩（砾岩、角砾岩、砂岩、粉砂岩）；黏土岩类：泥岩、页岩；化学及生物化学岩类：石灰岩、白云岩。沉积岩分类见表 2-6。

（2）碎屑岩的胶结方式有基底式胶结、孔隙式胶结、接触式胶结。

1）基底式胶结。碎屑颗粒之间互不接触，散布于胶结物中。这种胶结方式胶结紧密，岩石强度由胶结物成分控制，硅质最强，铁质、钙质次之，碳质较弱，泥质最差。

2）孔隙式胶结。颗粒之间接触，胶结物充满于颗粒间孔隙。这是一种最常见的胶结方式，它的工程性质受颗粒成分、形状及胶结物成分影响，变化较大。

3）接触式胶结。颗粒之间接触，胶结物只在颗粒接触处才有，而颗粒孔隙中未被胶结物充满。这种胶结方式最差，强度低、孔隙度大、透水性强。

沉积岩与岩浆岩的区别：

沉积岩有明显的层理和层面构造，在沉积岩中能够找到古生物的印记。

岩浆岩岩石呈现块状，喷出的流纹岩中会呈现一些流动构造，喷出的安山岩和玄武岩中会有气孔、流纹构造、绳状构造和杏仁状构造。

表 2-6　　　　　　　　　　　　　　沉积岩分类

岩类		结构	岩石分类名称	主要分类
碎屑岩类岩	火山碎屑	碎屑结构	粒径>100mm	火山集块岩	主要>100mm 的熔岩碎块、火山灰尘等经压密胶结而成
			粒径 2~100mm	火山角砾岩	主要由 2~100mm 的火山灰组成，其中有岩屑、晶斜、玻屑及其他碎屑混入组成
			粒径<2mm	凝灰岩	由 50%以上粒径<2mm 的火山灰组成，其中有岩屑、晶屑、玻屑等细粒碎屑物质
	沉积碎屑岩		粒状结构粒径>2mm	砾岩	角粒屑由带有棱角的胶粒胶结而成；砾岩由浑圆的砾石胶结而成
			砂质结构粒径 2~5mm	砂岩	石英砂岩：石英含量>90%、长石和岩屑<10%
					长石砂岩：石英含量<75%、长石>25%、岩屑<10%
					岩屑砂岩：石英含量<75%、长石<10%、岩屑>25%
			粉状结构粒径 0.05~0.005mm	粉砂岩	主要由石英、长石的粉、黏粒及黏土矿物组成
黏土岩类		泥质结构粒径<0.005mm	泥岩	主要由高岭石、微晶高岭石及水云母的黏土矿物组成
			页岩	黏土质页岩由黏土矿物组成 凝质页岩由黏土矿物及有机质组成
生物及化学岩类		结晶结构及生物结构	石灰岩	石灰岩：白云石含量>90%、黏土矿物<10% 泥灰岩：方解石含量 50%~75%、黏土矿物 25%~50%
			白云岩	白云岩：白云石含量 9%~100%、方解石<10% 灰质白云石：白云石含量 50%~75%、方解石 25%~50%

常见碎屑岩有角砾岩、砾岩、砂岩、钙质粉砂岩和泥质粉砂岩等，如图 2-16 所示。角砾岩和砾岩是砾状结构、块状构造，以原岩碎屑为主要成分；

(a) 钙质粉砂岩

(b) 砂岩

(c) 泥质粉砂岩

图 2-16　常见碎屑岩

砂岩是砾状结构、块状构造，以石英砂岩为主要成分；钙质粉砂岩是粉砂状结构、块状构造；泥质粉砂岩是粉砂状结构、块状构造。

常见黏土岩、化石岩及生物岩见表 2-7。

表 2-7　　　　　　　　　常见黏土岩、化石岩及生物岩

序号	岩石类型	岩石名称	结构	构造	主要矿物成分	图片
1	黏土岩	页岩	泥状结构	页理构造	黏土矿物	
2		油页岩	泥状结构	页理构造	黏土矿物、有机质	
3		泥岩	泥状结构	块状构造	黏土矿物	
4	化石岩及生物岩	石灰岩	化学结构	块状构造	方解石，有时含少量白云石或粗砂粒、黏土矿石等	
5		白云岩	化学结构	块状构造	白云石，有时含少量方解石或其他杂质	

思考题：构成黏土岩的高岭石、蒙脱石、伊利石有何区别？

高岭石

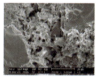

蒙脱石

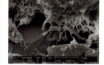

伊利石

2.5　变　质　岩

2.5.1　变质岩形成过程及变质作用类型

变质岩是地壳内部的原岩经过变质作用而形成的新的岩石。从前述岩浆岩

和沉积岩的地质特性可知，每一种岩类、每一种岩石，都有它自己的结构、构造和矿物成分。在漫长的地质历史过程中，这些先期生成的岩石（原岩）在各种变质因素作用下，改变了原有的结构、构造或矿物成分特征，具有了新的结构、构造或矿物成分，则原岩变质为新的岩石。引起原岩地质特性发生改变的因素称为变质因素；在变质因素作用下使原岩地质特性改变的过程称为变质作用；生成的具有新特性的岩石称为变质岩。

变质作用基本上是原岩在保持固体状态下，在原位置处进行的。因此，变质岩的产状为残余产状。由岩浆岩形成的变质岩称为正变质岩；由沉积岩形成的变质岩称为副变质岩。正变质岩产状保留原岩浆岩产状；副变质岩产状则保留沉积岩的层状。

变质岩在地球表面的分布面积占陆地面积的1/5。岩石生成年代越老，变质程度越深，该年代岩石中变质岩比重越大，例如前寒武纪的岩石几乎都是变质岩。

引起变质作用的因素

1. 变质作用的因素

变质作用是在变质因素作用下使原岩地质特性改变的过程，主要包括：①正变质岩：由岩浆岩形成的变质岩，保留原来的岩浆岩的产状；②副变质岩：由沉积岩形成的变质岩，保留沉积岩的产状。

引起变质作用的因素有温度、压力和化学活动性流体。

（1）温度。高温是引起岩石变质最基本、最积极的因素。促使岩石温度增高的因素有三种：一是地下岩浆侵入地壳带来的热量；二是随地下深度增加而增大的地热，一般认为自地表常温带以下，深度每增加33m，温度提高1℃；三是地壳中放射性元素蜕变释放出的热量。高温使原岩中元素的化学活泼性增大，使原岩中矿物重新结晶，隐晶变显晶、细晶变粗晶，从而改变原结构，并产生新的变质矿物。

（2）压力。作用在岩石上的压力分为：

1）静压力：类似于静水压力，是由上覆岩石重量产生的，是一种各方向相等的压力，随深度而增大。静压力使岩石体积受到压缩而变小、比重变大，从而形成新矿物。

2）动压力：也称定向压力，是由地壳运动而产生的。由于地壳各处地壳运动的强烈程度和运动方向都不同，故岩石所受动压力的性质、大小和方向也各不相同。在动压力作用下，原岩中各种矿物发生不同程度变形甚至破碎的现象。在最大压力方向上，矿物被压溶，不能沿此方向生长结晶；与最大压力垂直的方向是变形和结晶生长的有利空间。因此，原岩中的针状、片状矿物在动压力作用下，它们的长轴方向发生转动，转向与压力垂直方向平行排列；原岩中的粒状矿物在较高动压力作用下，变形为椭圆或眼球状，长轴也沿与压力垂直方向平行排列。由动压力引起的岩石中矿物沿与压力垂直方向平行排列的构造称为片理构造，是变质岩最重要的构造特征。

（3）化学活泼性流体。这种流体在变质过程中起溶剂作用。化学活泼性流体包括水蒸气，氧气，CO_2，含 B、S 等元素的气体和液体。这些流体是岩浆分化后期产物，它们与周围原岩中的矿物接触发生化学交替或分解作用，形成新矿物，从而改变了原岩中的矿物成分。

2. 变质作用的类型

（1）接触变质作用：岩浆侵入地壳时，使与之接触的围岩温度急剧上升所引起的变质作用。

（2）交代变质作用：受化学活泼性流体因素影响而变质的作用，原岩矿物和结构特征都改变。

（3）动力变质作用：地壳运动时，产生的强烈定向压力使岩石发生的变质作用，特别是有了片理构造。

（4）区域变质作用：大规模地壳运动时，由高温、高压、化学活泼性流体等多种因素的综合影响所引起的变质作用。

2.5.2　变质岩物质组成、结构和构造

1. 变质岩的矿物成分

残余矿物是指变质作用后残留的，与岩浆岩和沉积岩共有的（石英、长石、云母等）；变质矿物是指变质作用后新生的，变质岩所特有的（滑石、蛇纹石、石榴子石等）。

2. 变质岩的结构

（1）变晶结构：在变质作用过程中，岩石重结晶、变质结晶或重组合所形成的结构，是变质岩中最重要、最常见的结构。

（2）变余结构：在变质作用过程中，由于重结晶或变质结晶作用不完全，原岩的结构特征被部分保留下来而形成的结构。

（3）压碎结构：当岩石所受的定向压力超过其强度极限时，内部矿物颗粒发生弯曲、错动或破裂，甚至粉碎，之后又被黏结在一起而成的结构。

3. 变质岩的构造

（1）片理构造。岩石中矿物呈定向平行排列的构造称为片理构造。它是大多数变质岩区别于岩浆岩和沉积岩的重要特征。根据所含矿物及变质程度深浅不同又可分为以下四种：

1）片麻状构造：是一种深度变质的构造，由深、浅两种颜色的矿物定向平行排列而成。浅色矿物多为粒状石英或长石，深色矿物多为针状角闪石或片状黑云母等。在变质程度很深的岩石中，不同颜色、不同形状、不同成分的矿物相对集中平行排列，形成彼此相间、近于平行排列的条带，称条带状构造；在片麻状和条带状岩石中，若局部夹杂晶粒粗大的石英、长石呈眼球状时，则称眼球状构造。条带状和眼球状都属于片麻状构造的特殊类型。

2）片状构造：以某一种针状或片状矿物为主的定向平行排列构造。片状构造也是一种深度变质的构造。

3）千枚状构造：岩石中矿物基本重新结晶，并有定向平行排列现象。但由于变质程度较浅，矿物颗粒细小，肉眼辨认困难，仅能在天然剥离面（片理

各变质作用过程

用于建筑工程材料的变质岩：

片麻岩

大理石

板岩

面）上看到片状、针状矿物的丝绢光泽。

4）板状构造：变质程度最浅的一种构造。泥质、粉砂质岩石受一定挤压后，沿与压力垂直的方向形成密集而平坦的破裂面，岩石极易沿此裂面（也是片理面）剥成薄板，故称板状构造。矿物颗粒极细，肉眼不能见，只能在显微镜下在板状剥离面上见到一些矿物雏晶。

（2）非片理构造，即块状构造。这种变质岩多由一种或几种粒状矿物组成，矿物分布均匀，无定向排列现象。

2.5.3　变质岩的分类和常见的变质岩

常见的变质岩有板岩、千枚岩、片岩类、片麻岩类、混合岩类、大理岩、石英岩、云英岩、蛇纹岩、构造角砾岩、糜棱岩变质岩分类表见表 2-8。

表 2-8　　　　　　　　　　变质岩分类表

岩类	构造	岩石名称	主要亚类及矿物成分	原岩	图片
片理状岩类	片麻状构造	片麻岩	花岗片麻岩：长石、石英、云母为主，其次角闪石，有时含有石榴子石	中酸性岩浆岩、黏土岩、粉砂岩、砂岩	
	片状构造	片岩	云母片岩：云母、石英为主，其次有角闪石等。滑石片：滑石、绢云母为主，其次有绿泥石、方解石等。绿泥石片岩：绿泥石、石英为主，其次有滑石、方解石等	黏土岩、砂岩、中酸性火山岩、超基性岩、白云质泥灰岩、中基性火山岩、白质泥灰岩	
	千枚状构造	千枚岩	以绢云母为主、其次有石英、绿泥石等	黏土岩、黏土质粉砂岩、凝灰岩	
	板状构造	板岩	黏土矿物、绢云母、石英绿泥石、黑云母、白云母等		

云母的应用

续表　　　　　　　　读书笔记：

岩类	构造	岩石名称	主要亚类及矿物成分	原岩	图片
块状岩类	块状构造	大理岩	方解石为主，其次有白云石等	石灰岩、白云岩	
		石英岩	方解石为主，其次有绢云母、白云母等	砂岩、硅质岩	
		蛇纹岩	蛇纹石、滑石为主，其次有绿泥石、方解石等	超基性岩	

（1）板岩：常见颜色为深灰、黑色；变余结构，常见变余泥状结构或致密隐晶结构；板状构造；黏土及其他肉眼难辨矿物。

（2）千枚岩：通常灰色、绿色、棕红色及黑色；变余结构，或显微鳞片状变晶结构；千枚状构造；肉眼可辨的主要矿物为绢云母、黏土矿物及新生细小的石英、绿泥石、角闪石矿物颗粒。

（3）片岩类：变晶结构；片状构造，故取名片岩；岩石的颜色及定名均取决于主要矿物成分，例如云母片岩、角闪石片岩、绿泥石片岩、石墨片岩等。

（4）片麻岩类：变晶结构；片麻状构造；浅色矿物多粒状，主要是石英、长石；深色矿物多针状或片状，主要是角闪石、黑云母等，有时含少量变质矿物，如石榴子石等。片麻岩进一步定名也取决于主要矿物成分，例如花岗片麻岩、闪长片麻岩、黑云母斜长片麻岩等。

（5）混合岩类：在区域变质作用下，地下深处重熔带高温区，大量岩浆携带外来物质进入围岩，使围岩中的原岩经高温重熔、交代混合等复杂的混合岩化深度变质作用形成的一种特殊类型变质岩。混合岩晶粒粗大，变晶结构；条带状、眼球状构造；矿物成分与花岗片麻岩接近。

（6）大理岩：由石灰岩、白云岩经接触变质或区域变质的重结晶作用而成。纯质大理岩为白色，我国建材界称为"汉白玉"。若含杂质时，大理岩可为灰白、浅红、淡绿甚至黑色；等粒变晶结构；块状构造。以方解石为主称为方解石大理岩，以白云石为主称为白云石大理岩。

（7）石英岩：由石英砂岩或其他硅质岩经重结晶作用而成。纯质石英岩暗白色，硬度高，有油脂光泽；含杂质后可为灰白、蔷薇或褐色等；等粒变晶结构；块状构造；石英含量超过 85%。

（8）云英岩：由花岗岩经交代变质而成。常为灰白、浅灰色；等粒变晶结构；致密块状构造；主要矿物为石英和白云母。

（9）蛇纹岩：由富含镁的超基性岩经交代变质而成。常为暗绿或黑绿色，风化后则呈现黄绿或灰白色；隐晶质结构；块状构造；主要矿物蛇纹石，常含少量石棉、滑石、磁铁矿等矿物；断面不平坦；硬度较低。

（10）构造角砾岩：是断层错动带中的产物，又称断层角砾岩。原岩受极大动压力而破碎后，经胶结作用而成。角砾压碎状结构；块状构造；碎屑大小形状不均，粒径可由数毫米到数米；胶结物多为细粉粒岩屑或后期由溶液中沉淀的物质。

（11）糜棱岩：高动压力把原岩碾磨成粉末状细屑，又在高压力下重新结合成致密坚硬的岩石，称为糜棱岩。具典型的糜棱结构；块状构造；矿物成分基本与围岩相同，有时含新生变质矿物绢云母、绿泥石、滑石等。糜棱岩也是断层错动带中的产物。

2.5.4　三大岩类的区别及鉴别方法

1. 三大岩类的区别

三大岩类的地质特征见表 2-9。

三大类岩石鉴定方法

表 2-9　　　　　　　　　　三大岩类的地质特征

地质特征＼岩类	岩浆岩	沉积岩	变质岩
主要矿物成分	全部为岩浆中析出的原生矿物，成分复杂，但较稳定。浅色矿物有石英、长石、白云母等，深色矿物有黑云母、角闪石、辉石、橄榄石等	次生矿物占主要地位，成分单一，一般多不稳定。常见的有石英、长石、白云母、方解石、白云石、高岭石等	除具有残余矿物，如石英、长石、云母、角闪石、辉石、方解石、白云母、高岭石等外，还有变质矿物，如石榴子石、滑石、绿泥石、蛇纹石等
结构	以结晶粒状、斑块结构为特征	以碎屑、泥质及生物碎屑结构为特征。部分为成分单一的结晶结构，但肉眼不易分辨	以变晶结构等为特征
构造	具块状、流纹状、气孔状、杏仁状构造	具层理构造	多具片理构造
成因	直接由高温熔融的岩浆经岩浆作用而形成	主要由原岩的风化产物，经压密、胶结、重结晶等成岩作用而形成	由原岩经变质作用而形成

2. 三大岩类的肉眼鉴别

（1）岩浆岩的鉴别方法：①观察岩石整体颜色的深浅；②分析岩石的结构和构造；③分析岩石的主要矿物成分，确定岩石的名称。

（2）沉积岩的鉴别方法：鉴别沉积岩时，可以先从观察岩石的结构开始，结合岩石的其他特征，先将所属的大类分开，然后再做进一步分析，确定岩石的名称。

（3）变质岩的鉴别方法：鉴别变质岩时，可先从观察岩石的构造开始。根据构造，首先将变质岩区分为片理构造和块状构造两大类；然后可进一步根据片理特征和主要矿物成分，分析所属的岩类，确定岩石的名称。

2.6　岩石的工程地质性质

岩石的工程地质性质包括物理性质、水理性质和力学性质三个方面。岩体的工程地质性质主要取决于岩体内部裂隙系统的性质及其分布情况，但岩石本身的性质也起着重要的作用。

2.6.1　岩石的物理性质

（1）重度：岩石单位体积的重量，也称为容重。

（2）比重：也称相对密度，是单位体积岩石固体部分的质量与同体积 4℃ 纯水的质量比值。

（3）孔隙性：岩石孔隙和裂隙的统称，常用孔隙率来表示。

（4）吸水性：反映一定条件下岩石的吸水能力，常用吸水率、饱和吸水率、饱和系数（吸水率/饱水率）表示。

（5）软化性：岩石受水作用后，强度及稳定性降低的性质。

（6）抗冻性：岩石抵抗孔隙水结冰膨胀压力造成岩石结构破坏的能力，用强度损失率表示。

（7）岩石的密度：单位体积岩石的质量，包括颗粒密度，体积密度。

（8）岩石的相对密度：指的是固体岩石的质量与同体积 4℃ 水的质量之比。

（9）岩石的孔隙率：亦称"孔隙度"，是岩石和土体中的孔隙体积与岩石及土体总体积之比，常用百分数表示。

（10）岩石的吸水性：常压条件下岩石吸收水的能力。

岩石与土的区别

2.6.2　岩石的水理性质

岩石的水理性质是指岩石与水作用时的性质，如透水性、溶解性、软化性、崩解性、抗冻性等。

（1）岩石的透水性：是指岩石允许水通过的能力。岩石透水性的大小主要取决于岩石中裂隙、孔隙及孔洞的大小和连通情况。

岩石的透水性用渗透系数（k）来表示。渗透系数等于水力坡度为 1 时，水在岩石中的渗透速度，其单位用 m/d 或 cm/s 表示。

（2）岩石的溶解性：是指岩石溶解于水的性质，常用溶解度或溶解速度来表示。在自然界中常见的可溶性岩石，有石膏、岩盐、石灰岩、白云岩及大理

岩石与岩体的区别

岩等。岩石的溶解性不但和岩石的化学成分有关，还和水的性质有很大关系。淡水一般溶解能力较小，而富含 CO_2 的水则具有较大的溶解能力。

（3）岩石的软化性：是指岩石在水的作用下，强度及稳定性降低的一种性质。岩石的软化性主要取决于岩石的矿物成分、结构和构造特征。黏土矿物含量高、孔隙率大、吸水率高的岩石，与水作用容易软化而丧失其强度和稳定性。

岩石软化性的指标是软化系数，它等于岩石在饱水状态下的极限抗压强度与岩石在风干状态下极限抗压强度的比值。其值越小，表示岩石在水作用下的强度和稳定性越差。未受风化作用的岩浆岩和某些变质岩，软化系数大都接近于 1，是弱软化的岩石，其抗水、抗风化和抗冻性强；软化系数小于 0.75 的岩石，认为是强软化的岩石，工程地质性质比较差。

岩石的力学实验
示意图

（4）岩石的崩解性：是指黏土质岩石或化学弱胶结岩石与水作用后，由于吸水使体积膨胀或溶解，降低了颗粒联结力，使岩石产生崩解的现象。含蒙脱石的岩石极易发生崩解，如斑脱岩。

（5）岩石的抗冻性：岩石孔隙中有水存在时，水一结冰，体积膨胀，就产生巨大的压力。由于这种压力的作用，会促使岩石的强度和稳定性破坏。岩石抵抗这种冰冻作用的能力，称为岩石的抗冻性。在寒冷地区，抗冻性是评价岩石工程地质性质的一个重要指标。

岩石的抗冻性有不同的表示方法，一般用岩石在抗冻试验前后抗压强度的降低率表示。抗压强度降低率小于 20％～25％ 的岩石，认为是抗冻的；大于 25％ 的岩石，认为是非抗冻的。

2.6.3 岩石的力学性质

1. 岩石强度

岩石抵抗外部荷载而不被破坏的能力。一般包括单轴抗压强度、抗拉强度、抗剪强度（直剪、双轴抗剪、三轴抗剪强度）。

（1）抗压强度——岩石在单向压力作用下抵抗压碎破坏的能力。

（2）抗拉强度——岩石在单向拉伸破坏时的最大拉应力。

（3）抗剪强度——岩石抵抗剪切破坏时的最大剪应力。

2. 岩石的变形（弹性和塑性）

（1）弹性变形——是材料在外力作用下产生变形，当外力去除后变形完全消失的现象，包括压密、弹性变形、渐进破坏、加速破坏。

岩石单轴压缩
变形曲线

（2）塑性变形——去掉外力后，变形只恢复一部分，仍存有一定残余变形，相关系数有弹性模量 E 和泊松比 μ。

剪切强度是在剪切荷载作用下，岩（石）块抵抗剪切破坏的最大剪应力，称为剪切强度，包括：①抗剪断强度，指试件在一定的法向应力作用下，沿预定剪切面剪断时的最大剪应力。它反映了岩石的内聚力和内摩擦阻力。②抗切强度，指试件上的法向应力为零时，沿预定剪切面剪断时的最大剪应力。它反映了岩石的内聚力。③抗剪（摩擦）强度：指试件在一定的法向应力作用下，沿已有破裂面（层面、节理等）再次剪切破坏时的最大剪应力。它反映了岩石中微结构面或人工破坏面上的阻力。常见岩石的抗压强度见表 2-11，常见岩石的抗拉强度见表 2-12。

表 2-11   **常见岩石的抗压强度**

岩石名称	抗压强度（MPa）	岩石名称	抗压强度（MPa）	岩石名称	抗压强度（MPa）
辉长岩	180～300	辉绿岩	200～350	页岩	10～100
花岗岩	100～250	玄武岩	150～300	砂岩	20～200
流纹岩	180～300	石英岩	150～350	砾岩	10～150
闪长岩	100～250	大理岩	100～250	板岩	60～200
安山岩	100～250	片麻岩	50～200	千枚岩	10～100
白云岩	80～250	灰岩	20～200	片岩	10～100

表 2-12   **常见岩石的抗拉强度**

岩石名称	抗拉强度（MPa）	岩石名称	抗拉强度（MPa）	岩石名称	抗拉强度（MPa）
辉长岩	15～36	花岗岩	7～25	页岩	2～10
辉绿岩	15～35	流纹岩	15～30	砂岩	4～25
玄武岩	10～30	闪长岩	10～25	砾岩	2～15
石英岩	10～30	安山岩	10～20	灰岩	5～20
大理岩	7～20	片麻岩	5～20	千枚岩	1～10
白云岩	15～25	板岩	7～15	片岩	1～10

2.6.4　岩石的风化

无论怎样坚硬的岩石，一旦露出地表，在太阳辐射作用下并与水圈、大气圈和生物圈接触，为适应地表新的物理、化学环境，都必然会发生变化，这种变化虽然缓慢，但年深日久，就会逐渐崩解、分离为大小不等的岩屑或土层。岩石的这种物理、化学性质的变化称为风化；引起岩石这种变化的作用称为风化作用；被风化的岩石圈表层称为风化壳。在风化壳中，岩石经过风化作用后，形成松散的岩屑和土层，残留在原地的堆积物称为残积土；尚保留原岩结构和构造的风化岩石称为风化岩。

1. 岩石的风化作用

（1）物理风化。物理风化是指地表岩石因温度变化和孔隙中水的冻融及盐类的结晶而产生的机械崩解过程。它使岩石从比较完整固结的状态变为松散破碎状态，使岩石的孔隙度和表面积增大。因此，物理风化又称为机械风化。

1）热力风化。地球表面所受太阳辐射有昼夜和季节的变化，因而气温与地表温度均有相应的变化。岩石是不良导热体，所以受阳光影响的岩石昼夜温度变化仅限于很浅的表层；而由温度变化引起岩体膨胀所产生的压应力和收缩所产生的张应力也仅限于表层。这两种过程的频繁交替使岩石表层产生裂缝以至呈片状剥落。

2)冻融风化。岩石孔隙或裂隙中的水在冻结成冰时,体积膨胀(约增大9%),因而对围限它的岩石裂隙壁施加很大的压应力(可达200MPa),使岩石裂隙加宽加深。当冰融化时,水沿扩大了的裂隙渗入到岩石更深的内部,并再次冻结成冰。这样冻结、融化频繁进行,不断使裂隙加深扩大,以至使岩石崩裂成为岩屑。这种作用又称为冰劈作用。

(2)化学风化。化学风化指岩石在水、水溶液和空气中的氧与二氧化碳等的作用下所发生的溶解、水化、水解、碳酸化和氧化等一系列复杂的化学变化。它使岩石中可溶的矿物逐步被溶蚀流失或渗到风化壳的下层,在新的环境下,又可能重新沉积。残留下来的或新形成的多是难溶的稳定矿物。化学风化使岩石中的裂隙加大,孔隙增多,这样就破坏了原来岩石的结构和成分,使岩层变成松散的土层。化学风化的方式主要有:

1)溶解作用。水是一种好的溶剂。由于水分子的偶极性,它能与极性型或离子型的分子相互吸引,而矿物绝大部分都是离子型分子所组成的,所以矿物遇水后,就会不同程度地被溶解,一些质点(离子或分子)逐步离开矿物表面进入水中,形成水溶液而流失。

2)水化作用。有些矿物(特别是极易溶解和易溶解盐类的矿物)和水接触后,其离子与水分子互相吸引结合得相当牢固,形成了新的含水矿物。在岩石中,大部分矿物不含水,其中某些矿物在地表与水接触后形成的新矿物几乎都含水。如硬石膏水化成为石膏:

$$CaSO_4 + 2H_2O \longrightarrow CaSO_4 \cdot 2H_2O$$

硬石膏经水化成为石膏后,硬度降低,相对密度减小,体积增大60%,对围岩会产生巨大的压力,从而促进物理风化的进行。

3)水解作用。岩石中大部分矿物属于硅酸盐和铝硅酸盐,它们是弱酸强碱化合物,因而水解作用较普遍,如正长石水解成为高岭土:

$$K_2O \cdot Al_2O_3 \cdot 6SiO_2 + nH_2O \longrightarrow Al_2O_3 \cdot 2SiO_2 \cdot 2H_2O + 4SiO_2 \cdot (n-3)$$
$$H_2O + 2KOH$$

4)碳酸化作用。溶于水中的CO_2形成CO_3^{2-}和HCO_3^-离子,它们能夺取盐类矿物中的K、Na、Ca等金属离子,结合成易溶的碳酸盐而随水迁移,使原有矿物分解,这种变化称为碳酸化作用。如正长石经过碳酸化变成高岭土:

$$K_2O \cdot Al_2O_3 \cdot 6SiO_2 + CO_2 + 2H_2O \longrightarrow Al_2O_3 \cdot 2SiO_2 \cdot 2H_2O + K_2CO_3 + 4SiO_2$$

5)氧化作用。大气中含有约21%的氧,而溶在水里的空气含氧达33%~35%,所以氧化作用是化学风化中最常见的一种,它经常是在水的参与下,通过空气和水中的游离氧而实现。氧化作用有两方面的表现:一是矿物中的某种元素与氧结合形成新矿物,如黄铁矿经氧化后转化成褐铁矿;二是许多变价元素在缺氧条件下形成的低价矿物,在地表氧化环境下转变成高价化合物,原有矿物被解体,如含有低价铁的磁铁矿经氧化后转变成为褐铁矿。地表岩石风化后多呈黄褐色,就是因为风化产物中含有褐铁矿的缘故。

（3）生物风化。生物风化是指生物在其生长和分解过程中，直接或间接地对岩石矿物所起的物理和化学风化作用。

生物的物理风化如生长在岩石裂缝中的植物，在成长过程中，根系变粗、增长和加多，它像楔子一样对裂隙壁施以强大的压力（1～1.5MPa），将岩石劈裂。其他如动物的挖掘和穿凿活动也会加速岩石的破碎。

生物的化学风化作用更为重要和活跃。生物在新陈代谢过程中，一方面从土壤和岩石中吸取养分，同时也分泌出各种化合物，如硝酸、碳酸和各种有机酸等，它们都是很好的溶剂，可以溶解某些矿物，对岩石起着强烈的破坏作用。

（4）风化作用类型之间的相互关系。由上可知，岩石的风化作用，实质上只有物理风化和化学风化两种基本类型，它们彼此是互相紧密联系的。物理风化作用加大岩石的孔隙度，使岩石获得较好的渗透性，这样就更有利于水分、气体和微生物等的侵入。岩石崩解为较小的颗粒，使表面积增加，更有利于化学风化作用的进行。从这种意义上来说，物理风化是化学风化的前提和必要条件。在化学风化过程中，不仅岩石的化学性质发生变化，而且也包含着岩石的物理性质的变化。物理风化只能使颗粒破碎到一定的粒径，大致在中-细砂粒之间，因为机械崩裂的粒径下限为 0.02mm，在此粒径以下，作用于颗粒上的大多数应力可以被弹性应变所和解而消除，然而化学风化却能进一步使颗粒分解破碎到更细小的粒径（直到胶体溶液和真溶液）。从这种意义上说，化学风化是物理风化的继续和深入。实际上，物理风化和化学风化在自然界往往是同时进行、互相影响、互相促进的。因此，风化作用是一个复杂的、统一的过程，只有在具体条件和阶段上，物理风化和化学风化才有主次之分。

2. 岩石的风化影响因素

（1）气候因素。气候对风化的影响主要是通过温度和雨量变化以及生物繁殖状况来实现的。在昼夜温差或寒暑变化幅度较大的地区，有利于物理风化作用的进行。特别是温度变化的频率，比温度变化的幅度更为重要，因此昼夜温差大的地区，对岩石的破坏作用也大。炎夏的暴雨对岩石的破坏更剧烈。温度的高低，不仅影响热胀冷缩和水的物态，而且对矿物在水中的溶解度、生物的新陈代谢、各种水溶液的浓度和化学反应的速度等都有很大的影响。各地区降雨量的大小，在化学风化中有着非常重要的地位。雨水少的地区，某些易溶矿物也不能完全溶解，并且溶液容易达到饱和，发生沉淀和结晶，从而限制了元素迁移的可能性，而多雨地区就有利于各种化学风化作用的进行。化学风化的速度在很大程度上取决于淋溶的水量，而且雨水多又有利于生物的繁殖，从而也加速了生物风化。因此，气候基本上决定了风化作用的主要类型及其发育的程度。

（2）地形因素。在不同的地形条件（高度、坡度和切割程度）下，风化作用也有明显的差异，它影响着风化的强度、深度和保存风化物的厚度及分布情况。

在地形高差很大的山区，风化的深度和强度一般大于平缓地区；但因斜坡上岩石破碎后很容易被剥落、冲刷而移离原地，所以风化层一般都很薄，颗粒较粗，黏粒很少。

在平原或低缓的丘陵地区，由于坡度缓，地表水和地下水流动都比较慢，风化层容易被保存下来，特别是平缓低凹的地区风化层更厚。

一般说来，在宽平的分水岭地区，潜水面离地表较河谷地区深，风化层厚度往往比河谷地区的厚。强烈的剥蚀区和强烈的堆积区，都不利于化学风化作用的进行。沟山地向阳坡的昼夜温差较阴坡大，故风化作用较强烈，风化层厚度也较厚。

（3）地质因素。岩石的矿物组成、结构和构造都直接影响风化的速度、深度和风化阶段。

岩石的抗风化能力，主要是由组成岩石的矿物成分决定的。造岩矿物对化学风化的抵抗能力是不同的，也就是说，它们在地表环境下的稳定性是有差异的。

2.6.5   岩石工程分类

岩石按坚硬程度分类见表 2-13。

表 2-13   岩石按坚硬程度分类

坚硬程度	坚硬岩	较坚硬	较软岩	软岩	极软岩
饱和单轴抗压强度/MPa	$f_r>60$	$30<f_r\leqslant60$	$15<f_r\leqslant30$	$5<f_r\leqslant15$	$f_r\leqslant5$

岩石坚硬程度定型划分见表 2-14。

表 2-14   岩石坚硬程度定型划分

名称		定性鉴定	代表性岩石
硬质岩	坚硬岩	锤击声清脆，有回弹，震手，难击碎；浸入水后，大多数无吸水反应	未风化至微风化的：花岗岩、正长岩、闪长岩、辉绿岩、玄武岩、安山岩、片麻岩、石英片岩、硅质板岩、石英岩、硅质胶结的砾岩、石英砂岩、硅质石灰岩
	较坚硬岩	锤击声较清脆，有轻微回弹，稍震手，较难击碎；浸水后，有轻微吸水反应	a. 弱风化的坚硬岩； b. 未风化至微风化的：熔结凝灰岩、大理岩、板岩、白云岩、石灰岩、钙质胶结的砂岩等
软质岩	较软岩	锤击声不清脆，无回弹，较易击碎；浸水后，指甲可刻出印痕	a. 强风化的坚硬岩； b. 弱风化的较坚硬岩； c. 未风化至微风化的：凝灰岩、千枚岩、砂质泥岩、泥灰岩、泥质砂岩、粉砂岩

续表　　　　　　　读书笔记：

名称		定性鉴定	代表性岩石
软质岩	软岩	锤击声哑，无回弹，有凹痕，易击碎；浸入水后，手可掰开	a. 强风化的坚硬岩； b. 弱风化至强风化的较坚硬岩； c. 弱风化的较软岩； d. 未风化的泥岩等
	极软岩	锤击声哑，无回弹，有较深凹痕，手可捏碎；浸水后，可捏成团	a. 全风化的各种岩石； b. 各种半成岩

课 后 实 操 训 练

完成调查报告"地球表面动物发展过程"。

教 学 评 价 与 检 测

评价依据：

1. 报告

2. 理论测试题

（1）内力地质作用和外力地质作用对地球表面形态的改变有何异同？

（2）最重要的造岩矿物有哪几种？矿物的物理性质有哪些？

（3）试对比沉积岩、火成岩、变质岩三大类岩石在成因、产状、矿物成分、结构构造等方面的不同特性。

（4）简述沉积岩代表性岩石的特征及其工程地质性质。

（5）简述火成岩代表性岩石的特征及其工程地质性质。

（6）简述变质岩代表性岩石的特征及其工程地质性质。

（7）岩石的工程地质性质表现在哪三个方面？各自用哪些主要指标表示？

3 地质构造及地质图

教 学 目 标

（一）总体目标

通过本章的学习，使学生掌握褶皱、节理、断层、活断层等地质构造的分类、特征及判定方法，以及它们对建筑物稳定的影响，介绍了地质年代的确定方法，最后对地质图的种类、阅读步骤及地质图的制作做了较为详细地讲解，通过运用地质构造及地质图，锻炼、提高学生读图分析能力。通过掌握地质年代的划分及地质年代的确定方法，提高学生的观察能力、实践能力。通过掌握地质图的种类、阅读步骤及地质图的制作，说明地质的循环过程，从而提高学生的想象能力。激发学生探究关于掌握地质图的种类、阅读步骤及地质图的制作的兴趣和动机，养成求真、求实的科学态度，提高学生地理审美情趣。通过学习，培养学生关于物质是运动变化的认知，从而树立辩证唯物主义观点。

（一）具体目标

1. 专业知识目标

（1）掌握断裂构造的含义、类型、观测与设计；

（2）掌握地质年代的划分及地质年代的确定方法；

（3）掌握地质年代的概念，包括相对年代与绝对年代划分的方法；

（4）地质年代表的编制及各地质年代的排序；

（5）掌握地质图的种类、阅读步骤及地质图的制作。

2. 综合能力目标

（1）掌握岩层产状与地层接触关系、构造运动与地质构造；

（2）掌握岩层的产状，岩层露头线特征，与地层接触关系。

3. 综合素质目标

（1）以我国地大物博为例培养学生爱国精神；

（2）培养学生文化自信和民族自信；

（3）培养学生能屈能伸，不畏困难的品格。

教 学 重 点 和 难 点

（一）重点

（1）断层的概念、要素、断层盘的命名方式、类型，并能辨识断层的类型；

（2）褶皱的定义、要素、类型，并能够进行褶皱构造的工程地质评价；

（3）地质年代表的编制及各地质年代的排序。

（二）难点

(1) 岩层产状的包含内容及测定方法；

(2) 断层及褶皱的平面图、剖面图绘制；

(3) 学会阅读地质图。

教 学 策 略

本章是工程地质课程的第3章，主要讲述地质构造及地质图，专业性较强。学习岩层产状、构造运动，了解产状测定方法、学会阅读地质图等是本章教学的重点和难点。为激发学生学习兴趣，帮助学生树立专业学习的自信心，采取"课前引导——课中教学互动——技能训练——课后拓展"的教学策略。

(1) 课前引导：提前介入学生学习过程，要求学生复习土木工程概论、土木工程材料等前期学过的专业基础课程并进行测试，为课程学习进行知识储备。

(2) 课中教学互动：教师讲解中以提问、讨论等增加教和学的互动，拉近教师和学生的心理距离，把专业教学和情感培育有机结合。

(3) 技能训练：引导学生运用课堂所学专业知识解决实际问题，培育学生的实践能力。

(4) 课后拓展：引导学生自主学习与本课程相关的其他专业知识，既培养学生自主学习的能力，还为进一步开展课程学习提供保障。

教 学 架 构 设 计

（一）教学准备

(1) 情感准备：和学生沟通，了解学情，鼓励学生，增进感情。

(2) 知识准备：

复习：前期课程第2章三大类岩石内容。

预习：本书第3章"地质构造及地质图"。

(3) 授课准备：学生分组，要求学生带问题进课堂。

(4) 资源准备：授课课件、数字资源库等。

（二）教学架构

我国地大物博，文化历史悠久

　　中国五大名山指东岳泰山（位于山东）、西岳华山（位于陕西）、南岳衡山（位于湖南）、北岳恒山（位于山西）、中岳嵩山（位于河南）。

泰山

华山

衡山

恒山

嵩山

（三）　实操训练

完成地质平面图、剖面图的绘制。

（四）　思政教育

根据授课内容，本章主要在专业认同感、民族自豪感、自主学习能力三个方面开展思政教育。

（五）　效果评价

采用注重学生全方位能力评价的"五位一体评价法"，即自我评价（20%）＋团队评价（20%）＋课堂表现（20%）＋教师评价（20%）＋自我反馈（20%）评价法。同时引导学生自我纠错、自主成长并进行学习激励，激发学生学习的主观能动性。

（六）　教学方法

案例教学、启发教学、小组学习、互动讨论等。

（七）　学时建议

6/36（课程总学时 36 学时）。

课　堂　内　容

课　前　引　导

（1）课前复习：本书第 2 章"地壳及其物质组成"。
（2）课前预习：本书第 3 章"地质构造及地质图"。

课　堂　导　入

以我国各种岩层产状照片开始课堂，首先展示岩层的连接、角度、走向、倾向等不同，引入思考题"岩层产状为什么不同，造成这些不同现象的原因是什么"，然后进入岩层及岩层产状的基本概念解答。

3.1　岩层及岩层产状

地质构造是地壳运动的产物。构造运动是一种机械运动，包括地壳及上地幔上部，可分为水平运动和垂直运动。地质构造是构造运动引起地壳岩石变形和变位，这种变形和变位被保留下来的形态称为地质构造。常见的两种基本构造有褶皱和断裂。岩层产状是岩层的空间分布状态。

3.1.1　岩层产状类型

当岩层受到构造运动的影响后，仍保持原始水平产状不变的是水平岩层，而与水平面呈不同角度的则形成倾斜岩层或垂直岩层。

水平岩层是（见图 3-1）水平或近水平（倾角小于 5°）产出的岩层，统称为水平岩层，水平岩层具有时代新的岩层盖在老岩层之上的特点；其地质界线

（即岩层面与地面的交线），与地形等高线平行或重合，呈不规则的同心圈状或条带状；顶面与底面的高程差就是岩层的厚度；其露头宽度，与地面坡度、岩层厚度有关。

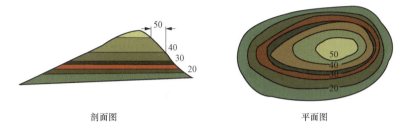

剖面图　　　　　　　　　　　平面图

图 3-1　水平岩层

倾斜岩层（见图 3-2）的倾角为 5～85°，按照倾角可以分为缓倾岩层（$\alpha < 30°$），陡倾岩层（$30° \leqslant \alpha < 60°$），陡立岩层（$60° \leqslant \alpha < 85°$）。当岩层顺序正常时，沿着倾斜岩层的时代由老变新；倾斜岩层的地表出露宽度主要受岩层本身厚度、岩层面与地面间夹角大小及地面坡度三方面因素控制；在地质图上，岩层的地质界线与地形等高线是相交的，符合"V"字形法则的特征。

倾斜岩层

图 3-2　倾斜岩层

"V"字形法则是指倾斜岩层在不同角度坡面上弯曲变化的规律。具体内容如下：

（1）当岩层倾向与地面坡度相同，岩层倾角小于地面坡度时，地层界线与等高线弯曲方向相同，地层界线曲率大于等高线曲率。

（2）当岩层倾向与地面坡度相反，岩层界线与等高线弯曲方向相同时，地层界线曲率小于等高线曲率。在沟谷中地质界线的"V"字形尖端指向沟谷上游，在山坡上地质界线的"V"字形尖端指向下方。

（3）当岩层倾向与地面坡度相同，岩层倾角大于地面坡度时，地层界线与等高线弯曲方向相反。在沟谷中地质界线的"V"字形尖端指向沟谷下游，在山坡上地质界线的"V"字形尖端指向山坡上方。

直立岩层（见图 3-3）是倾角为直立或近直立（大于 85°）状态产出的岩

层。在地形地质图上，其地质界线不受地形的影响，沿岩层的走向呈直线延伸，它的地表出露宽度与岩层厚度相等。

直立岩层

图 3-3　直立岩层

3.1.2　岩层产状

岩层产状是指地壳中任何面状构造（包括层面、断层面、褶皱的轴面等）的空间位态。它是以其空间延伸方向及倾斜程度来确定的，包括走向、倾向和倾角三要素，如图 3-4 所示。可见，用岩层产状的三个要素，能表达经过构造变动后的构造形态在空间的位置。

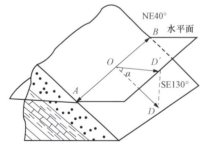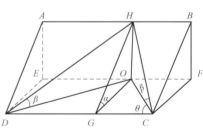

图 3-4　岩层产状要素及真倾角与视倾角的关系

（1）走向。走向线是指岩层面与水平面的交线，走向线两端延伸的方向为走向。它表示岩层在空间的水平延伸方向。

（2）倾向。倾向是指直走向线，沿岩层面向下倾斜的直线称为倾斜线，又称真倾斜；其在水平方向上的投影线所指的方向为倾向，又称真倾向。沿岩层面但不垂直走向线而向下倾斜的直线为视倾向线，其在水平面的投影所指的方向为视倾向。

（3）倾角。倾角是指真倾斜线与它在水平面上投影线的夹角，又称真倾角；视倾斜线与其投影线的夹角为视倾角。

真倾角与视倾角
的关系图

3.1.3 岩层产状要素的测试方法

产状要素的记录及表示：由地质罗盘仪（见图3-5）测得的数据，一般有两种记录方法，即象限角法和方位角法，如图3-6所示。

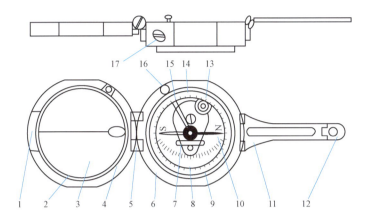

1—瞄准钉；2—固定圈；3—反光镜；4—上盖；5—连接合页；6—外壳；7—长水准器；8—倾角角指示器；9—压紧圈；10—磁针；11—长照准合页；12—短照准合页；13—圆水准器；14—方位刻度环；15—拨杆；16—开关螺钉；17—磁偏角调整器

图3-5　地质罗盘仪的构造

（1）象限角法：以东、南、西、北为标志，将水平面划分为4个象限，以正北或正南方向为0°，正东或正西方向为90°，再将岩层产状投影在该水平面上，将走向线和倾向线所在的象限及其与正北或正南方向所夹的锐角记录下来。一般按走向、倾向的顺序记录。例如：N45°E∠30°SE，表示该岩层产状走向N45°E，倾角30°，倾向SE，如图3-6（a）所示。

（2）方位角法：将水平面按顺时针方向划分为360°，以正北方向为0°。再将岩层产状投影到该水平面上，将走向线和倾向线与正北方向所夹角度记录下来，一般按倾向、倾角的顺序记录。例如：135°∠30表示该岩层产状为倾向正北方向135°，倾角30°，如图3-6（b）所示。

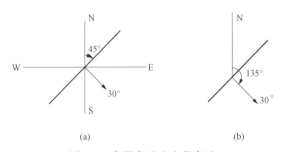

(a)　　　　　　　　(b)

图3-6　象限角法和方位角法

在地质图上，产状要素用符号表示。例如，长线表示走向线，短线表示倾向线。短线旁的数字表示倾角。当岩层倒转时，应画倒转岩层的产状符号，例如，岩层产状符号应把走向线与倾向线交点画在测点位置。

文化自信，民族自信

罗盘是我国的四大发明之一，它是一种用来辨别方位的简单仪器，主要组成部分是一根装在轴上可以自由转动的磁针。磁针的南极指向地理位置上的南极，利用这一性能就可以辨别方向了。从古至今，罗盘常常用于航海、大地测量、旅行和军事等方面。我国不但是世界上最早发明罗盘的国家，而且也是最早把罗盘用在航海事业上国家。

地质罗盘使用方法

3.2　褶　皱　构　造

褶皱是岩层在构造应力作用下，发生了没有丧失原有连续性的弯曲变形形态。

3.2.1　褶曲

褶曲是褶皱的基本单元，是褶皱构造中的单个弯曲。褶曲的基本形态只有两种：背斜和向斜，如图 3-7 所示。

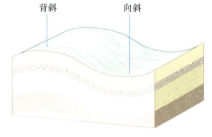

图 3-7　褶曲的基本形态

背斜是指岩层向上弯曲，其核心部位的岩层时代较两翼的岩层时代老，如图 3-8所示。具有两翼向两侧倾斜，老地层位于中间，新地层位于两侧（中间老、两边新）的特点。

向斜是指岩层向下弯曲，其核心部位的岩层时代较两翼新，如图 3-9 所示。具有两翼地层向核部倾斜，平面上老地层位于两侧，新地层位于中间（中间新、两边老）的特点。

图 3-8　背斜

图 3-9　向斜

3.2.2　褶曲要素

为了便于对褶曲进行分类和描述褶曲的空间展布特征，首先应该了解褶曲要素。褶曲要素是指褶曲的各个组成部分和确定其几何形态的要素。

（1）核又称核部，指褶皱中心部位的岩层。背斜的核老，向斜的核新。

（2）翼又称翼部，指褶皱核部两侧的岩层。在横剖面上，构成两翼同一褶皱面拐点切线的夹角称为翼间角。

（3）转折端是指从一翼向另一翼过渡的弯曲部分。

（4）褶轴又称褶皱轴线或轴，对圆柱状褶皱而言，是指褶皱面上一条平行其自身移动，能描绘出褶皱面弯曲形态的直线。

（5）枢纽指单一褶皱面上最大弯曲点的连线，可以是直线、曲线或折线，产状可以是水平的、倾斜的或直立的。

（6）轴面是指由许多相邻褶皱面上的枢纽连成的面。

（7）轴线是指轴面与水平面的交线。

（8）脊线是指褶曲最高点的连线。

（9）槽线是指褶曲最低点的连线。

3.2.3 褶曲分类

褶曲的形态分类是描述和研究褶曲的基础，它不仅在一定程度上反映褶曲形成的力学背景，而且对地质测量、找矿和地貌研究等都具有实际的意义。褶曲要素是褶曲形态分类的重要根据。

（1）按褶曲横剖面形态分类，即按横剖面上轴面和两翼岩层产状分类，如图 3-10 所示。

1）直立褶曲：轴面直立，两翼向不同方向倾斜，两翼岩层的倾角基本相同，在横剖面上两翼对称。

2）倾斜褶曲：轴面倾斜，两翼向不同方向倾斜，但两翼岩层的倾角不等，在横剖面上两翼不对称。

3）倒转褶曲：轴面倾斜程度更大，两翼岩层大致向同一方向倾斜，一翼层位正常，另一翼老岩层覆盖于新岩层之上，层位发生倒转。

4）平卧褶曲：轴面水平或近于水平，两翼岩层也近于水平，一翼层位正常，另一翼发生倒转。

直立褶曲

平卧褶曲

倒转褶曲实物图

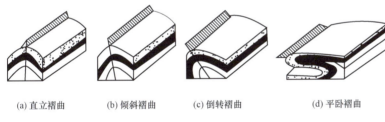

(a) 直立褶曲　　(b) 倾斜褶曲　　(c) 倒转褶曲　　(d) 平卧褶曲

图 3-10　按褶曲横剖面形态分类

（2）按褶曲纵剖面形态分类，即按褶曲的枢纽产状分类。

1）水平褶曲：枢纽近于水平，呈直线状延伸较远，两翼岩层界线基本平行。若褶曲长宽比大于 10∶1，在平面上呈长条状，称为线状褶曲，如图 3-11 (a) 所示。

2）倾伏褶曲：枢纽向一端倾伏，另一端昂起，两翼岩层界线不平行，在倾伏端交汇成封闭弯曲线。若枢纽两端同时倾伏，则两翼岩层界线呈环状封闭，其长宽比在 10∶1～3∶1 之间时，称为短轴褶曲，如图 3-11 (b) 所示。其长宽比小于 3∶1 时，背斜称为穹窿构造，向斜称为构造盆地，如图 3-11 (b) 左侧所示。

倒转褶曲示意图

3.2.4 褶曲构造的类型

褶皱是褶曲的组合形态，两个或两个以上褶曲构造的组合，称为褶皱构造。在褶皱比较强烈的地区，一般的情况都是线形的背斜与向斜相间排列，以大体一致的走向平行延伸，有规律地组合成不同形式的褶皱构造。如果褶皱剧

　　袁复礼（1893年12月31日—1987年5月22日），男，河北徐水县人，中国地质学家、地貌第四纪地质学家、地质教育家，中国地貌学及第四纪地质学的先驱，中国地质学会的创始会员之一，九三学社第七届中央委员会顾问。

　　袁复礼参与并领导了由斯文赫定发起的"中国—瑞典西北科学考察团"，获瑞典皇家科学院的"北极星奖章"。与安特生一起从事过"仰韶文化"的考古研究；在甘肃武威最早发现中国的早石炭世地层；在西北最早发现大批爬行动物化石。

烈，或在早期褶皱的基础上再经褶皱变动，就会形成更为复杂的褶皱构造，我国的一些著名山脉，如昆仑山、祁连山、秦岭等，都是这种复杂的褶皱构造山脉。常见的褶皱组合类型如下：

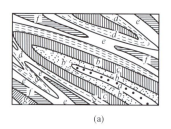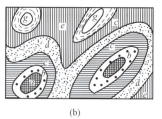

(a)　　　　　　　　　　(b)

图 3-11　线状褶曲、短轴褶曲及穹窿构造

　　（1）复背斜和复向斜：规模巨大的翼部为次一级甚至更次一级褶曲所复杂化的背斜（向斜）构造，如图 3-12 所示。从平面上看多呈紧密相邻同等发育的线形褶曲；从横剖面看，复背斜的褶曲轴面多向下形成扇状收敛；而复向斜的褶曲轴面多向上形成倒扇状收敛。

(a) 复背斜　　　　　　　　　　(b) 复向斜

图 3-12　复背斜和复向斜

　　（2）隔挡式和隔槽式褶皱：在四川东部、贵州北部及北京西山等地，可以看到由一系列褶曲轴平行，但背斜向斜发育程度不等所组成的褶皱。有的是由宽阔平缓的向斜和狭窄紧闭的背斜交互组成的，称隔挡式褶皱；有的是由宽阔平缓的背斜和狭窄紧闭的向斜组成的，称隔槽式褶皱，如图 3-13 所示。

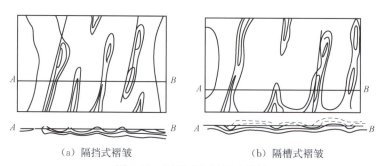

（a）隔挡式褶皱　　　　　　　　　　（b）隔槽式褶皱

图 3-13　隔挡式与隔槽式褶皱

3.2.5　褶曲构造的野外识别

（1）看地层是否有弯曲。

（2）查明地层的新老关系：①背斜；②向斜。

（3）了解褶皱枢纽是否倾伏及倾伏方向：①两翼岩层走向相互平行——枢纽水平；②两翼岩层走向呈弧形圈闭合——倾伏。

（4）从地形看：背斜成山，向斜成谷。

3.2.6　褶曲构造对工程的影响

（1）核部是岩层强烈变形的部位，转折端易发生拉张裂隙；并常有断层发生，造成岩石破碎或形成构造角砾岩。

（2）向斜核部易聚集地下水，背斜核部也是地下水聚集和流动的通道。

（3）褶皱翼部易造成岩层顺层滑动现象，特别是有软弱夹层时。

3.3　断　裂　构　造

断裂构造是指岩石或岩体受构造应力作用，沿一定方向产生机械破裂，失去其连续性和整体性的一种现象。本章主要讲节理与断层。

3.3.1　节理

节理是指岩层受力断开后，裂面两侧岩层沿断裂面没有明显的相对位移时的断裂构造。节理的断裂面称为节理面。节理分布普遍，几乎所有岩层中都有节理发育。节理的延伸范围变化较大，由几厘米到几十米不等。节理面在空间的状态称为节理产状，其定义和测量方法与岩层面产状类似。节理常把岩层分割成形状不同、大小不等的岩块，小块岩石的强度与包含节理的岩体强度明显不同。岩石边坡失稳和隧道洞顶坍塌往往与节理有关。岩石中的裂隙，没有明显位移的断裂构造。裂开的面为节理面，三要素为走向、倾向和倾角。

1. 节理分类

节理可按成因、力学性质、与岩层产状的关系和张开程度等分类。

（1）按成因分类。节理按成因可分为原生节理、构造节理和表生节理，也可分为原生节理和次生节理，次生节理再分为构造节理和非构造节理。

1）原生节理指岩石形成过程中形成的节理，如玄武岩在冷却凝固时形成的柱状节理。

2）构造节理指由构造运动产生的构造应力形成的节理。构造节理常常成组出现，可将其中一个方向的一组平行破裂面称为一组节理。同一期构造应力形成的各组节理有成因上的联系，并按一定规律组合。不同时期的节理对应错开。

3）表生节理是由卸荷、风化、爆破等作用形成的节理，分别称为卸荷节理、风化节理、爆破节理等，常称这种节理为裂隙，属非构造次生节理。表生节理一般分布在地表浅层，大多无一定方向性。

（2）按力学性质分类（见图3-14）。

1）剪节理：一般为构造节理，由构造应力形成的剪切破裂面组呈，一般与主应力呈（45°～φ/2）角度相交，其中φ为岩石内摩擦角。剪节理面多平直，常呈密闭状态，或张开度很小，在砾岩中可以切穿砾石。剪节理具有下述

节理与裂隙的区别：

节理是岩体受力断裂后两侧岩块没有显著位移的小型断裂构造。裂隙为岩石受力后断开并沿断裂面无显著位移的断裂构造，包括岩石节理在内。

节理延伸稳定，不发育，裂隙在温度变化和水、空气、生物等风化营力作用下形成风化裂隙，常在成岩、构造裂隙的基础上进一步发育。

节理

裂隙

剪节理

特征：①产状比较稳定，在平面中沿走向延伸较远，在剖面上向下延伸较深。②常具紧闭的裂口，节理面平直而光滑，沿节理面可有轻微位移，因此在面上常具有擦痕、镜面等。③在碎屑岩中的剪节理，常切开较大的碎屑颗粒或砾石，切开结核、岩脉等。④节理间距较小，常呈等间距均匀分布，密集成带。⑤常平行排列、雁行排列，成群出现；或两组交叉，称"X 节理"，或称"共轭节理"。两组节理有时一组发育较好，另一组发育较差。

2）张节理：可以是构造节理，也可以是表生节理、原生节理等，由张应力作用形成。张节理张开度较大，节理面粗糙不平，在砾岩中常绕开砾石。张节理常具有如下特征：①产状不甚稳定，在岩石中延伸不深不远。②多具有张开的裂口，节理面粗糙不平，面上没有擦痕，节理有时为矿脉所填充。③在碎屑岩中的张节理，常绕过砂粒和砾石，节理随之呈弯曲形状。④节理间距较大，分布稀疏而不均匀，很少密集成带。⑤常平行出现，或呈雁行式（即斜列式）出现，有时沿着两组共轭呈 X 形的节理断开形成锯齿状张节理，称追踪张节理。

张节理

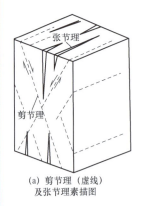
(a) 剪节理（虚线）
及张节理素描图

(b) 剪节理和张节理实图

图 3-14　剪节理和张节理

（3）按与岩层产状的关系分类。

1）走向节理：节理走向与岩层走向平行。

2）倾向节理：节理定向与岩层定向垂直。

3）斜交节理：节理走向与岩层走向斜交。

（4）按节理张开程度分类。

1）宽张节理：节理裂缝宽大于 5mm。

2）张开节理：节理裂缝宽为 3～5mm。

3）微张节理：节理裂缝宽为 1～3mm。

4）闭合节理：节理裂缝宽小于 1mm。

2. 节理发育及观察

按节理的组数、密度、长度、张开度及充填情况，将节理发育情况分级，节理发育程度见表 3-1。

按节理与岩层产状关系分类

表 3-1　　　　　　　　　　　　　　　节 理 发 育 程 度

等级	基本特征
节理不发育	节理（裂隙）1～2 组，规则，为原生型或构造型，多数间距在 1m 以上，多为密闭，岩体被切割呈巨块状
节理较发育	节理（裂隙）2～3 组，呈 X 形，较规则，以构造形为主，多数间距大于 0.4m，多为密闭，部分微张，少有充填物，岩体被切割呈大块状
节理发育	节理（裂隙）3 组以上，不规则，呈 X 形或米字形，以构造型或风化型为主，多数间距小于 0.4m，大部分微张，部分张开，部分为黏性土充填，岩体被切割呈块（石）碎（石）状
节理很发育	节理（裂隙）3 组以上，杂乱，以风化型和构造型为主，多数间距小于 0.2m，微张或张开，部分为黏性土充填，岩体被切割呈碎石状

　　节理的野外观察、测量工作必须选择在充分反映节理特征的岩层出露点上进行，节理野外调查内容包括：①测量节理产状；②观察节理面张开程度和充填情况；③描述节理壁粗糙程度；④观察节理充水情况；⑤根据节理发育特征，确定节理成因；⑥统计节理的密度、间距、数量，确定节理发育程度和节理的主导方向。

节理玫瑰图绘制

　　节理的整理和统计一般采用图表形式，主要有节理玫瑰图、极点图和等密图。玫瑰图最常用。

　　在室内统计裂隙，采用节理玫瑰图法，如图 3-15 所示。

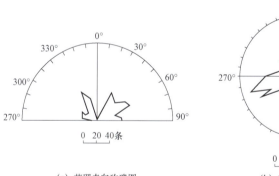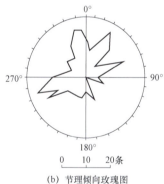

(a) 节理走向玫瑰图　　　　　　(b) 节理倾向玫瑰图

图 3-15　节理玫瑰图法

节理走向玫瑰图编制方法：

（1）将所测的节理走向按每 5 或 10 分组并统计每一组内节理数和平均走向。

（2）各组平均走向，自圆心沿半径以一定长度代表每一组节理的个数。

（3）用折线相连，即得节理走向玫瑰图。

3. 节理组和节理系

　　在一次构造作用的统一应力场中形成，且力学性质相同、产状基本一致的一群节理称为节理组；在一次构造作用的统一应力场中形成的两个及以上的节

节理组和节理系

节理组

节理系

断层现场图 1

断层现场图 2

断层现场图 3

理组，或产状呈规律变化的一群节理称为节理系。

3.3.2 断裂构造

断层是指岩层受力断开后，断裂面两侧岩层沿断裂面有明显相对位移时的断裂构造。断层广泛发育，规模相差很大。大的断层延伸数百公里甚至上千公里，小的断层在手标本上就能见到。有的断层切穿了地壳岩石面，有的则发育在地表浅层。断层是一种重要的地质构造，对工程建筑的稳定性起着重要作用。地震与活动性断层有关，隧道中大多数的坍方、涌水均与断层有关。

1. 断层要素

为阐明断层的空间分布状态和断层两侧岩层的运动特征，将断层各组成部分赋予一定名称，称为断层要素。

（1）断层面：是指一个将岩块或岩层断开成两部分并沿其滑动的破裂面：①由走向、倾向、倾角三要素确定；②非绝对平面；③断层带是指一系列破裂面或次级断层组成的带（同时形成、相互平行、性质相同）；④与地面的交线称断层线。

（2）断盘：是指断层面两侧沿断层面发生位移的岩块：①断面直立：按方位称谓，如走向南北，则称东盘、西盘；如走向东西，则称北盘、南盘；②断面倾斜：称上盘、下盘；③按运动方式：称上升盘、下降盘。

（3）断距：是指断层两盘相对位移。

（4）断层线：是断层面与地平面或垂直面的交线，代表断层面在地面或垂直面上的延伸方向，可以是直线，也可以是曲线。

2. 断层分类

（1）按断层两盘相对运动分类。

1）正断层：上盘下降、下盘上升的断层，一般为陡倾角断面。

2）逆断层：上盘上升、下盘下降的断层，当倾角<45°，为低角度逆断层：①高角度逆断层：倾角>45°。

②逆冲断层：位移量较大的低角度逆断层（倾角<30°）。

3）平移断层：两盘岩块沿断层走向作相对水平运动的断层。

（2）按断层层面产状与岩层产状的关系分类。

1）走向断层：断层走向与岩层走向基本一致。

2）倾（横）向断层：断层走向与岩层走向基本直交。

3）斜向断层：断层走向与岩层走向斜交。

4）顺层断层：断层面与岩层面基本一致。

（3）按断层走向与褶皱轴向或区域构造线之间的关系分类。

1）纵断层：断层走向与褶皱轴向平行。

2）横断层：断层走向与褶皱轴向垂直。

3）斜断层：断层走向与褶皱轴向斜交。

3. 断层的组合类型

断层很少孤立出现，往往由一些正断层和逆断层有规律地组合成一定形式，形成不同形式的断层带。如阶梯状断层、地堑、地垒和叠瓦式构造，如图 3-16 所示。

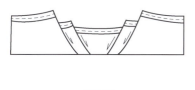　

(a) 地垒与地堑　　　　　　　　(b) 叠瓦式构造

图 3-16　断层组合方式

4. 断层的野外识别

断层的野外识别方法见表 3-2。

表 3-2　　　　　　　　　　　断层的野外识别方法

识别指标	特征	图片
构造标志	构造线不连续：线状或面状地质体平面或剖面突然不连续；构造强化：岩层层状突变，节理化、劈理化、片理化带的突现	
地貌标志	上升盘的前缘可能形成陡峭的断层崖，如果经剥蚀，就会形成断层三角面地形。另外，山脊错断、断开，河谷跌水瀑布，河谷方向发生突然转折等，很可能均是断裂错动在地貌上的反映	

读书笔记：

识别指标	特征	图片
地层特征	若地层发生缺失或不对称的重复，岩脉被错断，或者岩层沿一走向突然中断，与不同性质的岩层突然接触等	 走向断层造成地层重复 走向断层造成地层缺失
构造岩	断层两侧岩石因断裂破碎，碎块经胶结形成的岩石称为构造岩。根据胶结程度可分断层角砾岩和断层泥	
断层的性质分析	擦痕和阶步：擦痕：表现为一组比较均匀的平行细纹，是被破碎岩屑或岩粉在断层面上刻划的结果。 　　阶步：在断层面上常有与擦痕直交的微细陡坎	
	牵引褶曲：断层两盘紧邻断层面的岩层，受两盘相对错动的影响，常常产生明显的弧形弯曲，这种弯曲被称为牵引褶曲	

续表

识别指标	特征	图片
	根据两盘地层的新老关系	

3.3.3　活断层

1. 活断层基本特性

活断层是指现今仍在活动或者近期有过活动，不久的将来还可能活动的断层。基本特性如下：

（1）活断层的类型：正断型活断层、逆断型活断层和走滑型活断层。

（2）活断层的活动方式：黏滑型活断层和蠕滑型活断层。

（3）活断层的规模：断层所在地区的综合地质因素决定了潜在活断层规模的大小。规模小的活断层长度和深度不足 1km，规模大的可达数百公里。

（4）活断层的错动速率：活断层的活动强度主要以其错动速率来判定。活断层错动速率相当缓慢，1mm/a 已属强活动断层。

（5）活断层的重复活动周期：活断层是深大断裂复活运动的产物。

活断层

2. 活断层鉴别标志

①最新沉积物被错断；②破碎带构造形迹；③地貌标志；④水文地质标志；⑤历史地震及地物错断；⑥微地震测量及地球物理标志。

3.4　地质构造对工程建筑物稳定性的影响

3.4.1　边坡、隧道和桥基设置与地质构造的关系

岩层产状与岩石路堑边坡坡向间的关系控制着边坡的稳定性。当岩层倾向与边坡坡向一致，岩层倾角等于或大于边坡坡角时，边坡一般是稳定的。若坡角大于岩层倾角，则岩层因失去支撑而有滑动的趋势产生。如果岩层层间结合较弱或有较弱夹层时，易发生滑动。如铁西滑坡就是因坡脚采石，引起沿黑色页岩软化夹层滑动的。当岩层倾向与边坡坡向相反时，若岩层完整、层间结合好，边坡是稳定的；若岩层内有倾向坡外的节理，层间结合差，岩层倾角又很陡，岩层多呈细高柱状，容易发生倾倒破坏。开挖在水平岩层或直立岩层中的路堑边坡，一般是稳定的，如图 3-17 所示。

隧道位置与地质构造的关系密切。穿越水平岩层的隧道，应选择在岩性坚硬、完整的岩层中，如石灰岩或砂岩。在软、硬相间的情况下，隧道拱部应当

尽量设置在硬岩中，设置在软岩中有可能发生坍塌。当隧道垂直穿越岩层时，在软、硬岩相间的不同岩层中，由于软岩层间结合差，在软岩部位，隧道拱顶常发生顺层坍方。当隧道轴线顺岩层走向通过时，倾向洞内的一侧岩层易发生顺层坍滑，边墙承受偏压（见图3-18）。

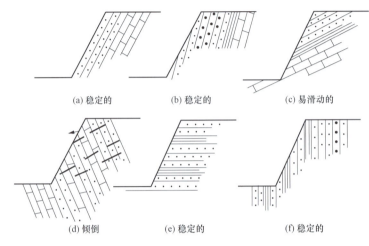

图 3-17　岩层产状与边坡稳定性的关系

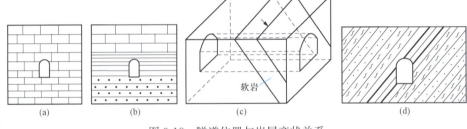

图 3-18　隧道位置与岩层产状关系

在图 3-18 中，（a）为水平岩层，隧道位于同一岩层中；（b）为水平的软、硬相间岩层，隧道拱顶位于软岩中，易坍方；（c）为垂直走向穿越岩层，隧道穿过软岩时易发生顺层坍方；（d）为倾斜岩层，隧道顶部右上方岩层倾向洞内侧，岩层易顺层滑动，且受到偏压。

一般情况下，应当避免将隧道设置在褶曲的轴部，该处岩层弯曲、节理发育、地下水常常由此渗入地下，容易诱发坍方（见图3-19）。通常尽量将隧道位置选在褶曲翼部或横穿褶曲轴。垂直穿越背斜的隧道，其两端的拱顶压力大，中部岩层压力小；隧道横穿向斜时，情况则相反（见图3-20）。

断层带岩层破碎，常夹有许多断层泥，应尽量避免将工程建筑直接放在断层上或断层破碎带附近。如京原线 10 号大桥位于几条断层交叉点，桥位选择极困难，多次改变设计方案，桥跨由 16m 改为 23m，又改为 43m，最后以 33.7m 跨越断层带（见图3-21）。

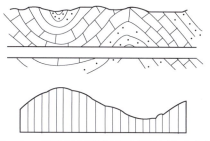

图 3-19 隧道沿褶曲轴通过   图 3-20 隧道横穿褶曲轴时岩层压力分布情况

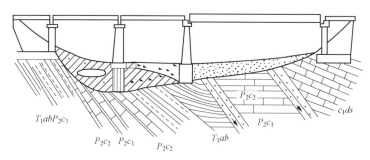

图 3-21 桥梁墩台避开断层破碎带

对于不活动的断层，墩台必须设在断层上时，应根据具体情况采用相应的处理措施：

（1）当桥高在 30m 以下，断层破碎带通过桥基中部，宽度 0.2m 以上，又有断层泥等充填物时，应沿断层带挖除充填物，灌注混凝土或嵌补钢筋网，以增加基础强度及稳定性。

（2）断层带宽度不足 0.2m，两盘均为坚硬岩石时，一般可以不做处理。

（3）断层带分布于基础一角时，应将基础扩大加深，再以钢筋混凝土补角加强，增加其整体性。

（4）当基底大部分为断层破碎带，仅局部为坚硬岩层，构成软、硬不均地基时，在墩台位置无法调整的情况下，可炸除坚硬岩层，加深并换填与破碎带强度相似的土层，扩大基础，使应力均衡，以防止因不均匀沉陷而使墩台倾斜破坏。

（5）当桥高超过 30m，且基底断层破碎带的范围较大，一般采用钻孔桩或挖孔桩嵌入下盘，使基底应力传递到下盘坚硬岩层上。

铁路选线时，应尽量避开大断裂带，线路不应沿断裂带走向延伸，在条件不允许、必须穿过断裂带时，应大角度或垂直穿过断裂带。

3.4.2 断裂构造与工程的关系

在断层分布密集的断层带内，岩层一般都受到强烈破坏，产状紊乱，岩体裂隙增多、岩层破碎、风化严重、地下水多，从而降低了岩石的强度和稳定性；沟谷斜坡崩塌、滑坡、泥石流等不良地质现象发育。

因此，在确定路线布局、选择桥位和隧道位置时，要尽量避开大的断层破

铀

中国第一块铀

生物化石是指人类史前地质历史时期形成并赋存于地层中的生物遗体和活动遗迹，包括植物、无脊椎动物、脊椎动物等化石及其遗迹化石。

恐龙化石

三叶虫化石

蕨类化石

碎带。

（1）路线布局，特别在安排河谷路线时，要注意河谷地貌与断层构造的关系；当路线与断层走向平行，路基靠近断层破碎带时，由于开挖路基，容易引起边坡发生大规模坍塌，直接影响施工和公路的正常使用。

（2）桥位勘测时，要注意查明桥基部位有无断层存在及其影响程度，以便根据不同情况，在设计基础工程时采取相应的处理措施。

3.5　地　质　年　代

大约 46 亿年前，地球诞生了，为了研究地球的地质历史，从地球诞生至今划分了一系列的时间单位，以便于进行对地球和生物演化的表述，这就是地质年代。例如，"侏罗纪"时期恐龙是地球上的主宰；地球上的生命大爆发出现在"寒武纪"；人类生活在"新生代"，而"第四纪"的冰期却给人类的生存发展留下了难以磨灭的印记。地质年代是指地壳上不同时期的岩石和地层。地层是指将各个地质历史时期形成的岩层称为该时代的地层。

3.5.1　相对年代法与绝对年代法

1. 绝对年代法

通过确定地层形成时的准确时间，依次排列出各地层新、老关系的方法。主要是通过测定岩石样品中的放射性元素年龄来确定。能够说明岩层形成的确切时间，但不能反映岩层形成的地质过程。

2. 相对年代法

表示岩层形成的先后顺序及其相对的新老关系，不包括用年表示的时间概念，但能反映岩层形成的自然阶段，从而说明地壳发展的历史过程。

3. 同位素年龄的测定（绝对年代法）

元素放射性的基本原理是放射性元素具有固定的衰变系数（每年每克母体同位素能产生的子体同位素的克数）。

铀铅测年法的原理是铀的衰变。一般来说，1 克的铀 238 经过一年后，有 1/7400000000 克的铀会衰变为铅和氦。经过 44.7 亿年以后，1 克的铀 238 里会有 1/2 克发生衰变，铀-238 衰变至铅-206 的半期是 44.7 亿年。

具体方法是选一块含铀的岩石，测出铀和铅的含量，就可以通过衰变规律测算出年龄。这个办法比较适合距今 100 万～45 亿年之间的被测物，精度在 0.1%～1%。在 1956 年，科学家克莱尔帕特森改进铀铅测年法，发明铅铅测年法，并通过测定陨石中铅的同位素的含量，计算出地球年龄为（45.5±0.7）亿年。

4. 同位素年龄的测定（绝对年代法）

说起同位素，其实是指质子数相同、中子数不同的同一种元素的不同原子，比如碳 12，碳 14 或者铀 235、铀 238 等。

在这些同位素里，有一些特别稳定，碳 12 就是这方面的杰出典范，有一些特别不稳定，它们的一生就围绕着一个目标：变得稳定，具体的方式为以固定不变的速度失去中子或质子，直到稳定为止。这个过程称为衰变。

5. 相对年代的确定

相对年代法是通过比较各地层的沉积顺序、古生物特征和地层接触关系来确定其形成先后顺序的一种方法。因无需精密仪器，故被广泛采用。它一般分为下列几种方法：

（1）地层层序法：确定地层相对年代的基本方法，如图 3-22 所示。

基本内容：①水平岩层下老上新；②倾斜未倒转岩层：斜面以上的岩层新；③岩层发生倒转时，老的覆盖新的。

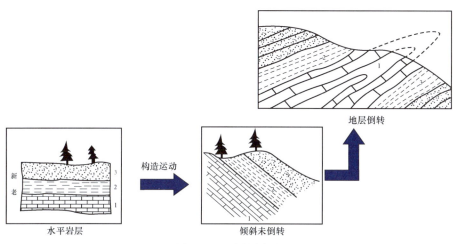

图 3-22　地层层序法

（2）古生物法。在地质历史上，地球表面的自然环境总是不停地出现阶段性变化。地球上的生物为了适应地球环境的改变，也不得不逐渐改变自身的结构，称为生物演化。即地球上的环境改变后，一些不能适应新环境的生物大量灭亡，甚至绝种，而另一些生物则通过逐步改变自身的结构、形成新的物种，以适应新环境，并在新环境下大量繁衍。这种演化遵循由简单到复杂、由低级到高级的原则，即地质时期越古老，生物结构越简单；地质时期越新，生物结构越复杂。因此，埋藏在岩石中的生物化石结构也反映了这一过程。化石结构越简单，地层时代越老，化石结构越复杂，地层时代越新。故可依据岩石中的化石种属来确定岩石的新老关系。在某一环境阶段，能大量繁衍、广泛分布，从发生、发展到灭绝的时间越短，并且特征显著的生物，其化石称为标准化石。在每一地质历史时期都有其代表性的标准化石，如寒武纪的三叶虫、奥陶纪的珠角石、志留纪的笔石、泥盆纪的石燕、二叠纪的大羽羊齿、侏罗纪的恐龙等。

沉积岩中保存的不同地质时期生物遗体和遗迹称为化石。不同的岩层中包含的生物化石各不相同，并在不同地区含有相同化石的地层属于同一时代，所以可以用古生物学方法确定岩层的地质年代，称为生物层序律。

（3）地层接触关系（见图 3-23）。地层间的接触关系，是构造运动、岩浆活动和地质发展历史的记录。沉积岩、岩浆岩及其相互间均有不同的接触类型,据此可判别地层间的新老关系。

1)沉积岩间的接触关系。沉积岩间的接触,基本上可分为整合接触与不整合接触两大类型。

①整合接触。一个地区在持续稳定的沉积环境下,地层依次沉积,各地层之间彼此平行,地层间的这种连续、平行的接触关系称为整合接触。其特点是:沉积时间连续,上、下岩层产状基本一致。

②不整合接触。当沉积岩地层之间有明显的沉积间断时,即沉积时间明显不连续,有一段时期没有沉积,称为不整合接触,又可分为平行不整合接触和角度不整合接触两类。

A. 平行不整合接触。又称假整合接触,指上、下两套地层间有沉积间断,但岩层产状仍彼此平行的接触关系。它反映了地壳先下降接受稳定沉积,然后抬升到侵蚀基准面以上接受风化剥蚀,地壳又下降接受稳定沉积的地史过程。

B. 角度不整合接触。指上、下两套地层间,既有沉积间断,岩层产状又彼此角度相交的接触关系。它反映了地壳先下降沉积,然后挤压变形和上升剥蚀,再下降沉积的地史过程。角度不整合接触关系容易与断层混淆,两者的区别标志是:角度不整合接触界面处有风化剥蚀形成的底砾岩,而断层界面处则无底砾岩,一般为构造岩,或没有构造岩。

2)岩浆岩间的接触关系。主要表现为岩浆岩间的穿插接触关系。后期生成的岩浆岩插入早期生成的岩浆岩中,将早期岩脉或岩体切隔开。

3)沉积岩与岩浆岩之间的接触关系可分为侵入接触和沉积接触两类。侵入接触是后期岩浆岩侵入早期沉积岩的一种接触关系。早期沉积岩受后期岩浆挤压、烘烤和化学反应,在沉积岩与岩浆岩交界带附近形成一层变质带,称为变质晕。断层接触是一种构造接触,即侵入岩体与围岩间的界面就是断层面或断层带。

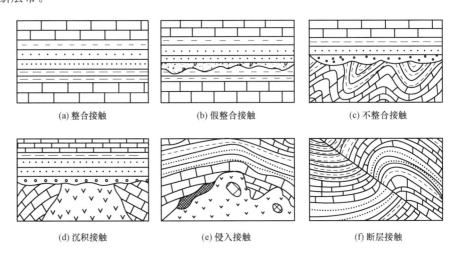

(a) 整合接触   (b) 假整合接触   (c) 不整合接触

(d) 沉积接触   (e) 侵入接触   (f) 断层接触

图 3-23   地层接触关系

3.5.2 地质年代表

地质年代单位：宙、代、纪、世、期；年代地层单位：宇、界、系、统、阶。地质年代表包括全球各个地区地层划分和对比及各种岩石同位素年龄测定，即地质年代单位、名称、代号和绝对年龄等。地质年代表见表 3-3。

生命演化示意图

表 3-3　　　　　　　　　地　质　年　代　表

相对年代				绝对年龄	生物开始出现时间	
宙（宇）	代（界）	纪（系）	世（统）代号		植物	动物
显生宇（宙）	新生代（界）	第四纪（系）	全新世（统） 更新世（统）	1.8	被子植物	现代人
		新近纪（系）	上新世（统） 中新世（统）	23.0		古猿人
		古近纪（系）	渐新世（统） 始新世（统） 古新世（统）	65.5		
	中生代（界）	白垩纪（系）	晚（上）白垩世（统） 早（下）白垩世（统）	145.5		哺乳类
		侏罗纪（系）	晚（上）侏罗世（统） 中侏罗世（统） 早（下）侏罗世（统）	199.6		
		三叠纪（系）	晚（上）三叠世（统） 中三叠世（统） 早（下）三叠世（统）	251.0		
	古生代（界）	晚古生代 二叠纪（系）	乐平世（统） 瓜德鲁普世（统） 乌拉尔世（统）	299.0	裸子植物	
		石炭纪（系）	宾夕法尼亚纪（亚统） 密西西比纪（亚统）	359.2		爬行类
		泥盆纪（系）	晚（上）泥盆世（统） 中泥盆世 早（下）泥盆世	416.0		两栖类
		志留纪（系）	普里道利世（统） 罗德洛世（统） 温洛克世（统） 兰多维利世（统）	443.7		鱼类
		早古生代 奥陶纪（系）	晚（上）奥陶世（统） 中奥陶世 早（下）奥陶世（统）	488.3	蕨类植物	无颌类
		寒武纪（系）	芙蓉世（统） 第三世（统） 第二世（统） 纽芬兰世（统）	542.0		无脊椎动物

喜马拉雅山每年还在持续的升高

自 6500 万年前以来的新生代，随着印度古陆与欧亚大陆碰撞挤压，古地中海东部和喜马拉雅海逐渐封闭，喜马拉雅山的雏形开始出现。在 5000 万年前的新生代早期，喜马拉雅山主体的北部仍有残留的浅海，到了 3750 万年前，由于喜马拉雅造山运动，喜马拉雅山地区的海水全部退出。在最近的 300 万年中，喜马拉雅山迅速上升，平均每一万年上升 10 米。而最近的一万年来，每年上升 5 厘米，经过科学家的预测，喜马拉雅山目前每年约升高 1 厘米左右，10 万年之后，它的主峰珠穆朗玛峰将突破 10000 米大关！

相对年代				绝对年龄	生物开始出现时间	
宙（宇）	代（界）	纪（系）	世（统）代号		植物	动物
元古界（字）〔分为古、中、新元古代（界）〕				2500	菌藻类	
太古宙（字）〔分为始、古、中、新元古代（界）〕					原始菌藻类	

右上角：续表

3.5.3　地方性岩石地层单位

各地区在地质历史中形成的地层不同，（地方性）岩石地层单位分：群、组、段、层。

1. 群

岩石地层最大单位，包含岩石性质复杂的一大套岩层，可以代表一个统或二个统。

2. 组

岩石地层划分的基本单位，岩石性质比较单一，可以代表一个统或比统小的年代地层。

3. 段

组内次一级的岩层单位，代表组内具有明显特征的一段地层。

4. 层

段中具有显著的特征，可区别于相邻岩层的单层或复层，如烟台市区出露地层：

太古界胶东群 { 蓬夼组　鲁家夼组　富阳组

元古界粉子山群 { 祝家夼组　张格庄组　巨屯组　岗嵛组

3.5.4　我国地史概况

1. 太古代（界、Ar）

太古界主要分布在华北地区，为各类片岩、片麻岩。在冀东迁西地区发现同位素年龄为 34.3 亿～36.7 亿年的变质岩，这是我国目前已知的最老地层。

太古代时可能地球上已有原始生物，但至今尚未发现可靠化石，太古代末有一次强烈的地壳运动，我国称五台运动，表现为元古界不整合，覆于太古界之上，同时有花岗岩侵入。

2. 元古代（界、Pt）

元古界主要分布于华北及长江流域，此外还分布在塔里木盆地及天山、昆仑山、祁连山等地。元古界分上、下两部分：下部为下元古界，为浅变质的沉积岩或沉积-火山岩系；上部称震旦系，为未变质的砂岩、石英岩、硅质灰岩（产藻类化石）和白云岩组成。早元古代末期的地壳运动，称吕梁运动，使震旦系与下元古界呈角度不整合接触。

3. 古生代（界、PZ）

古生代是地球上生物繁盛的时代。所以，从寒武纪开始，就可以利用古生物化石来划分地层。古生代地层主要为石灰岩、白云岩、碎屑岩等海洋环境沉积。中、上石炭统和上二叠统在一些地区含煤。二叠纪末部分地区上升成为陆地。

早古生代的地壳运动称为加里东运动。在我国南方表现为泥盆系与前泥盆系，为角度不整合接触。二叠纪末期地壳运动影响广泛，内蒙古、天山、昆仑山都发生强烈褶皱上升成山，并有岩浆活动，称为海西运动。古生代末，海水消退，中国大陆雏形出现。

4. 中生代（界、MZ）

中生代意为"中等生物"的时代，以陆上爬行动物盛行为特征。中生代时除南方部分地区和西藏等地为海洋环境外，我国大部分地区已形成陆地。三叠系、侏罗系都是主要含煤地层。中生代发生多次强烈地壳运动，主要有印支运动和燕山运动，并伴随有广泛的岩浆侵入活动和火山爆发。中生代构造活动，奠定了我国东部地质构造的基础。

5. 新生代（界、KZ）

新生代为近代生物的时代。哺乳动物和被子植物非常繁盛，新生代包括第三纪和第四纪。第三纪仅台湾和喜马拉雅地区仍被海水淹没，我国第三系主要为陆相红色碎屑岩沉积并含有丰富的岩盐。第三纪末期的地壳运动称为喜马拉雅运动，它使台湾和喜马拉雅地区褶皱上升成为山脉，并伴有岩浆活动，我国其他地区表现为断块活动。

3.6　地　质　图

3.6.1　地质图的基本概念和要素

地质图是指用规定的符号、线条和色谱将自然界各种地质现象，按一定比例概括、缩绘，投影在地形图（平面图）上的一种图件。一副完整的地质图包括平面图、剖面图和综合地层柱状图。

一般正规的地质图包括图名、比例尺、图幅编号、经纬度、剖面图、图例、责任表等。

综合柱状图

3.6.2　读图方法和步骤

地质图上内容多，线条、符号复杂，阅读时应遵循由浅入深、循序渐进的原则。一般步骤及内容如下：

1. 图名、比例尺、方位

了解图幅的地理位置、图幅类别、制图精度，图上方位一般用箭头指北表示，或用经纬线表示。若图上无方位标志，则以图正上方为正北方。

2. 地形、水系

通过图上地形等高线、河流径流线，了解地区地形起伏情况，建立地貌轮廓。地形起伏常常与岩性、构造有关。

3. 图例

图例是地质图中采用的各种符号、代号、花纹、线条及颜色等的说明。通过图例，可对地质图中的地层、岩性、地质构造建立起初步概念。

4. 地质内容

（1）地层岩性：了解各年代地层岩性的分布位置和接触关系。

（2）地质构造：了解褶曲及断层的产出位置、组成地层、产状、形态类型、规模和相互关系等。

（3）地质历史：根据地层、岩性、地质构造的特征，分析该地区地理发展历史。

5. 读图实例

阅读资治地区地质图，如图 3-24 所示。

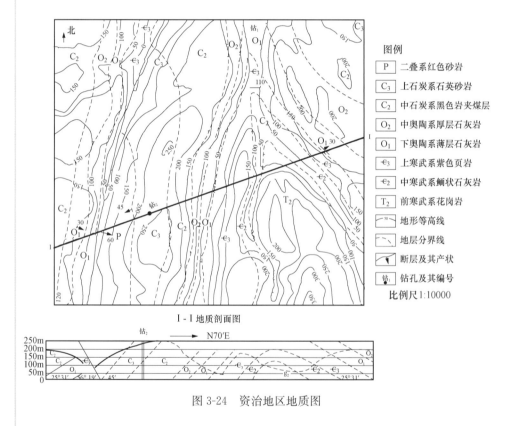

图 3-24 资治地区地质图

（1）图名：资治地区地质图。

（2）比例尺：1:10000；图幅实际范围：1.8km×2.05km；方位：图幅正上方为正北方。

（3）地形、水系。本区有三条南北向山脉，其中东侧山脉被支沟截断。相对高差 350m 左右，最高点在图幅东南侧山峰，海拔 350m。最低点在图幅西北侧山沟，海拔±0 以下。本区有两条流向北东的山沟，其中东侧山沟上游有一条支沟及其分支沟，从北西方向汇入主沟。西侧山沟沿断层发育。

（4）图例。由图例可见，本区出露的沉积岩由新到老依次为：二迭系（P）红色砂岩、上石炭系（C_3）石英砂岩、中石炭系（C_2）黑色岩夹煤层、中奥陶系（O_2）厚层石灰岩、下奥陶系（O_1）薄层石灰岩、上寒武系（$\in_3$）紫色页岩、中寒武系（$\in_2$）鲕状石灰岩。岩浆岩有前寒武系花岗岩（γ_2）。地质构造方面有断层通过本区。

（5）地质内容。

1）地层分布与接触关系。前寒武系花岗岩岩性较好，分布在本区东南侧山头一带。年代较新、岩性坚硬的上石炭系石英砂岩，分布在中部南北向山梁顶部和东北角高处。年代较老、岩性较弱的上寒武系紫色页岩，则分布在山沟底部。其余地层均位于山坡上。

美国圣安地列斯断层

从接触关系上看，花岗岩没有切割沉积岩的界线，且花岗岩形成年代老于沉积岩，其接触关系为沉积接触。中寒武系、上寒武系、下奥陶系、中奥陶系沉积时间连续，地层界线彼此平行，岩层产状彼此平行，是整合接触。中奥陶系与中石炭系之间缺失了上奥陶系至下石炭系的地层，沉积时间不连续，但地层界线平行、岩层产状平行，是平行角度不整合接触。中石炭系至二叠系又为整合接触关系。本区最老地层为前寒武系花岗岩，最新地层为二叠系红色石英砂岩。

2）地质构造。

褶曲构造：由图 3-24 可知，图中以前寒武系花岗岩为中心，两边对称出现中寒武系至二叠系地层，其年代依次越来越短，故为一背斜构造。背斜轴线从南到北由北北西转向正北。顺轴线方向观察，地层界线封闭弯曲，沿弯曲方向凸出，所以这是一个轴线近南北，并向北倾伏的背斜，此倾伏背斜两翼岩层倾向相反，倾角不等，东侧和东北侧岩层倾角较缓（30°），西侧岩层倾角较陡（45°），故为一倾斜倾伏背斜。轴面倾向北东东。

断层构造：本区西部有一条北北东向断层，断层走向与褶曲轴线及岩层界线大致平行，属纵向断层。此断层的断层面倾向东，故东侧为上盘、西侧为下盘。比较断层线两侧的地层，东侧地层新，故为下降盘；西侧地层老，故为上升盘。因此该断层上盘下降，下盘上升，为正断层。从断层切割的地层界线看，断层生成年代应在二迭系后。由于断层两盘位移较大，说明断层规模大。断层带岩层破碎，沿断层形成沟谷。

地质剖面图绘制视频

3）地质历史简述。根据以上读图分析，说明本地区在中寒武系至中奥陶系之间，地壳下降，为接受沉积环境，沉积物基底为前寒武系花岗岩。上奥陶系至下石炭系之间，地壳上升，长期遭受风化剥蚀，没有沉积，缺失大量地层。中石炭系至二叠系之间地壳再次下降，接受沉积。这两次地壳升降运动并没有造成强烈褶曲及断层。中寒武系至中奥陶系期间以海相沉积为主，中石炭系至二叠系期间以陆相沉积为主。二叠系以后至今，地壳再次上升，长期遭受风化剥蚀，没有沉积。并且二叠系后先遭受东西向挤压力，形成倾斜倾伏背斜，后又遭受东西向拉张应力，形成纵向正断层。

3.6.3　绘制地质剖面图

水平岩层地质剖面图的绘制方法与步骤：①选择剖面线；②确定剖面图的

知识点回顾

比例尺；③切地形剖面；④勾绘地质界线；⑤标注花纹、代号；⑥整饰图件，如图 3-25 所示。

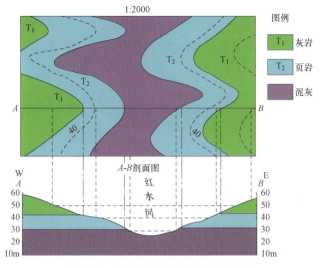

图 3-25　水平岩层地质剖面图的绘制

1. 作地形剖面图

①选择剖面线 *AB*；②将剖面线 *AB* 放置水平，应是左西右东，左北右南；③剖面线两端画垂直比例尺，大小与地质图相同；④将剖面线与等高线的交点投到相应的高度上；⑤用平滑的曲线连接各点，注意相邻相同高度的点的连接；⑥标明比例尺、剖面线的方位。

2. 作地质剖面图

①在地形剖面图的基础上完成；②将剖面线与地质界线的交点投到地形剖面上；③根据倾角画出地质界线，注意先画出不整合线；④填上岩性花纹；⑤标明地层时代、图名、图例；⑥整饰图件。

课 后 拓 展 学 习

（1）褶曲与断层、节理之间的相同和不同之处；

（2）正断层、逆断层剖面图的绘制；

（3）化石鉴别及地质年代判别。

课 后 实 操 训 练

完成地质平面图、剖面图的绘制。

教 学 评 价 与 检 测

评价依据：

1. 地质图绘制

2. 理论测试题

（1）何谓岩层的产状？产状三要素是什么？岩层产状是如何测定和表示的？

（2）如何识别褶皱并判断其类型？

（3）地形倒置现象是如何产生的？

（4）如何区别张节理与剪节理？

（5）节理按成因分为几种类型？在野外如何判别节理的发育程度？

（6）断裂构造对工程有何影响？在野外如何识别断层的存在？

（7）什么是相对地质年代？什么是绝对地质年代？地层的相对地质年代是怎样确定的？

（8）什么是地质图？地质图的基本类型有哪些？

4 水的地质作用

（一） 总体目标

通过本章的学习，学生应熟悉暂时流水地质作用及其堆积物，河流地质作用的三类形式，理解河流地质作用与交通线路工程的关系；了解第四纪沉积物的成因类型及其特征；掌握地下水的埋藏类型及其特征，熟悉地下水按含水层性质分类及其特征和地下水对工程建设的影响。激发学生探究关于地表水和地下水对工程地质作用的兴趣和动机，养成求真务实的科学习惯，铸造严谨治学的学习态度。通过"水的地质作用"的学习，培养学生运用水文地质的思维和方法，根据实际工程要求调查、分析与土木工程活动有关的地质问题的综合能力。

（二） 具体目标

1. 专业知识目标

（1）掌握地表水的概念、成因类型和分布规律。

（2）掌握地表流水地质作用的基本特征，第四纪沉积物的主要成因类型及工程性质。

（3）掌握地下水的基本概念，特别是地下水、孔隙、裂隙、溶隙、含水层与隔水层的定义。

（4）了解地下水的物理化学性质。

（5）掌握地下水的补给水源，包括大气降水、地表水、裂隙水、含水层之间的补给和人工补给。

（6）掌握地下水的排泄方式，包括蒸发、泉水溢出、向地表水体泄流、含水层之间的排泄和人工排泄。

2. 综合能力目标

（1）地下水与地表水的相互转化过程。

（2）地表水、地下水分别如何影响工程建设。

3. 综合素质目标

（1）培养学生坚持不懈的学习精神。

（2）通过中国水利工程的发展过程，提高学生的科技自信和民族自信。

（3）以时政新闻激发学生对国家和人民的服务意识。

（4）培养学生运用专业思维提出和解决专业问题的能力。

（一） 重点

（1）地表水和地下水的类型及其分布规律。

（2）掌握地下水的类型，如上层滞水、潜水、承压水和孔隙水、裂隙水、岩溶水。

（3）掌握地下水的层流、紊流和混合流计算方法。

（二）难点

（1）地下水的补给方式及补给原理。

（2）地下水的探测及防突技术。

教　学　策　略

本章是工程地质课程的第四章，主要讲述水的地质作用，专业性较强。学习地表水、地下水的类型及成因等是本章教学的重点和难点。为激发学生学习兴趣，帮助学生树立专业学习的自信心，采取"课前引导——课中教学互动——技能训练——课后拓展"的教学策略。

（1）课前引导：提前介入学生学习过程，要求学生复习土木工程概论、土木工程材料等前期学过的专业基础课程，为课程学习进行知识储备。

（2）课中教学互动：教师讲解中以提问、讨论等增加教和学的互动，拉近教师和学生心理距离，把专业教学和情感培育有机结合。

（3）技能训练：引导学生运用课堂所学专业知识解决实际问题，培育学生实践能力。

（4）课后拓展：引导学生自主学习与本课程相关的其他专业知识，既培养学生自主学习的能力，还为进一步开展课程学习提供保障。

教　学　架　构　设　计

（一）教学准备

（1）情感准备：和学生沟通，了解学情，鼓励学生，增进感情。

（2）知识准备：

复习："工程地质"课程中岩石的组成及作用。

预习：本书第4章"水的地质作用"。

（3）授课准备：学生分组，要求学生带问题进课堂。

（4）资源准备：授课课件、数字资源库等。

（二）教学架构

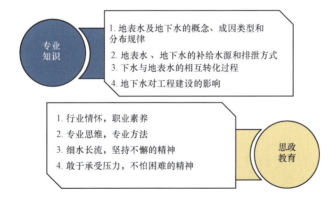

专业知识
1. 地表水及地下水的概念、成因类型和分布规律
2. 地表水、地下水的补给水源和排泄方式
3. 下水与地表水的相互转化过程
4. 地下水对工程建设的影响

思政教育
1. 行业情怀，职业素养
2. 专业思维，专业方法
3. 细水长流，坚持不懈的精神
4. 敢于承受压力，不怕困难的精神

（三） 实操训练

完成论文"××地区深基坑突水灾害原因分析"。

（四） 思政教育

根据授课内容，本章主要在专业认同感、科技自信、自主学习能力三个方面开展思政教育。

（五） 效果评价

采用注重学生全方位能力评价的"五位一体评价法"，即自我评价（20％）＋团队评价（20％）＋课堂表现（20％）＋教师评价（20％）＋自我反馈（20％）评价法。同时引导学生自我纠错、自主成长并进行学习激励，激发学生学习的主观能动性。

（六） 教学方法

案例教学、启发教学、小组学习、互动讨论等。

（七） 学时建议

6/36（课程总学时：36 学时）。

课 前 引 导

（1）课前复习：本书第 3 章"地质构造及地质图"。
（2）课前预习：本书第 4 章"水的地质作用"。

课 堂 导 入

以自然界中水的存在状态及循环过程开始课堂，首先展示水的海陆、陆陆等之间的循环，引入到从工程地质学的角度，水可以分为大气水、地表水、地下水三类，特别是借助我国 2021 年河南特大暴雨灾害，促进学生对水地质作用的思考和学习热情，最后落脚在地表水和地下水的详细内容。

课程的基本内容和学习方法

1. 基本内容

通过本章的学习，学生应熟悉暂时流水地质作用及其堆积物，熟悉河流地质作用的三类形式，理解河流地质作用与交通线路工程的关系；了解第四纪沉积物的成因类型及其特征；熟悉特殊土的工程地质特征；掌握地下水的埋藏类型及其特征，熟悉地下水按含水层性质分类及其特征；掌握地下水对工程建设的影响。

2. 学习方法

（1）搜集、阅读有关科技文献和资料，了解地下水和地表水。
（2）通过对比分析地表水和地下水的成因、类型，熟练掌握内涵。
（3）通过作业及实训，提高凝练和解决专业问题的能力。

4.1　地表流水的地质作用

4.1.1　概述

在大陆上有两种地表流水：一种是时有时无的，季节性和间歇性流水，如

2021 年 7 月 17 日以来，河南省普降暴雨、大暴雨，局部特大暴雨。7 月 19 日至 20 日，河南的强降雨达到近期鼎盛，全省遭遇大范围极端强降雨。截至 8 月 9 日 7 时，本次洪涝灾害共造成全省 150 个县（市、区）1664 个乡镇 1481.4 万人受灾，全省累计紧急避险转移 93.38 万人。

雨水及山洪急流，它们只在降水或积雪融化时产生，称为暂时流水；另一种是终年流动不息的，如河水、江水等，称为长期流水。

地表流水的地质作用主要包括侵蚀作用、搬运作用和沉积作用。

地表流水对坡面的洗刷作用以及对沟谷和河谷的冲刷作用，均不断地使原有地面遭到破坏，这种破坏称为侵蚀作用。侵蚀作用造成地面大量水土流失、冲沟发育，引起沟谷斜坡滑塌、河岸坍塌等各种不良地质现象和工程地质问题。山区公路或铁路多沿河流布设，修建在河谷斜坡和河流阶地上，因此，研究地表流水的侵蚀作用十分重要。

地表流水把地面被破坏的破碎物质带走，称为搬运作用。搬运作用使原有破碎物质覆盖的新地面暴露出来，为新地面的进一步破坏创造了条件。在搬运过程中，被搬运物质对沿途地面加剧了侵蚀。同时，搬运作用为沉积作用准备了物质条件。

当地表流水流速降低时，部分物质不能被继续搬运而沉积下来，称为沉积作用。沉积作用是地表流水对地面的一种建设作用，形成某些最常见的第四纪沉积层。

4.1.2　暂时流水的地质作用

暂时流水是大气降水后短暂时间内在地表形成的流水，因此雨季是它发挥作用的主要时间，特别是强烈的集中暴雨后，它的作用特别显著，往往造成较大灾害。

1. 淋滤作用及残积层（Q^{el}）

大气降水渗入地下的过程中，渗流水不但能把地表附近的细屑破碎物质带走，还能把周围岩石中易溶解的成分带走。经过渗流水的这些物理和化学作用后，地表附近岩石逐渐失去其完整性、致密性，残留在原地的又不易溶解的松散物质则未被冲走，这个过程称为淋滤作用。残留在原地的松散破碎物质，成层地覆盖在地表称为残积层。残积层向上逐渐过渡为土壤层，向下逐渐过渡为半风化岩石和新鲜基岩。残积层碎屑物由地表向深处由细变粗是其最重要的特征。残积物的特征如下：

（1）位于地表以下，基岩风化带以上，从地表至地下，破碎程度逐渐减弱。

（2）残积物的物质成分与下伏基岩成分基本一致。

（3）残积层的厚度与地形、降水量、水的化学成分等多种因素有关。

（4）残积层具有较大的孔隙率，较高的含水量，但其力学性质较差。

工程地质问题：

（1）建筑物地基产生不均匀沉降，原因为土层厚度、组成成分、结构及物理力学性质变化大，均匀性差，孔隙度较大。

（2）出现建筑物沿基岩面或某软弱面的滑动等不稳定问题，原因为原始地形变化大，岩层风化程度不同。

2. 洗刷作用及坡积层（Q^{dl}）

雨水降落到地面或覆盖地面的积雪融化时形成的地表水，其中一部分被蒸

沈照理（1932年5月—2020年4月4日），男，汉族，上海人，中国共产党优秀党员，中国著名水文地质学家、教育家，中国水文地球化学学科奠基人之一，中国地质大学（北京）原副校长，水资源与环境学院教授。

淋滤作用

洗刷作用

发，一部分渗入地下，剩下的部分在沿斜面流动时不断分散，形成无数股网状细小的流水，称为坡面细流。坡面细流从高处沿着斜坡向低处缓慢流动，时而冲刷、时而沉积，不断地把坡面上的风化岩屑和黏土物质洗刷到山坡坡脚处，这个过程称为洗刷作用，在坡脚处形成新的沉积层称为坡积层。可以看出，坡面细流的洗刷作用，一方面对山坡地貌起着逐渐变缓的作用，对坡面地貌形态的发展产生影响，同时伴随着产生松散堆积物，形成坡积层。

坡积层可以分为山地坡积层和山麓平原坡积层两个亚组：山地坡积层一般以亚黏土夹碎石为主，而山麓平原坡积层则以亚黏土为主，夹有少量碎石。在我国北方干旱、半干旱地区的山麓平原坡积物，常具有黄土状土的某些特征。坡积层的特征如下：

（1）坡积物的厚度变化较大，一般在坡脚处最厚，向山坡上部及远离山脚方向均逐渐变薄尖灭。

（2）坡积物多由碎石和黏性土组成，其成分与下伏基岩无关。

（3）搬运距离较短，坡积物层理不明显，碎石棱角清楚。

（4）坡积物松散、富水、力学性质差。

影响坡积层稳定性的因素主要有以下三个方面：

（1）下伏基岩顶面的倾斜程度。

（2）下伏基岩与坡积层接触带的含水情况。

（3）坡积层本身的性质。

工程地质问题：

（1）建筑物不均匀沉降。

（2）沿下卧残积层或基岩面滑动。

3. 冲刷作用及洪积层（Q^{pl}）

在山区由暂时性的暴雨或山坡上的积雪急剧消融所形成的坡面流水汇集于沟谷中，在较短时间内形成流量大、流速高的急速流动的水流，称为山洪急流。山洪急流也常称为洪流。

洪流沿沟谷流动时，由于集中了大量的水流，沟底坡度大，流速快，因而拥有巨大的动能，对沟谷的岩石有很大的破坏力。洪流以其自身的水力和携带的砂石，对沟底和沟壁进行冲击和磨蚀，这个过程称为洪流的冲刷作用，同时把冲刷下来的碎屑物质带到山麓平原或沟谷口堆积下来，形成洪积层。由洪流冲刷作用形成的沟底狭窄、两壁陡峭的沟谷称为冲沟。

（1）冲沟。冲沟虽然是一个地貌上的问题，但是在西北黄土高原地区，其形成和发展却对公路等工程的建筑条件产生重要影响。如陕北的绥德、吴旗，陇东的庆阳、宁县，冲沟系统规模之大，切割之深，发展之快，均为其他地区所罕见。冲沟使地形变得支离破碎，路线布局往往受到冲沟的控制，不仅增加路线长度和跨沟工程、增大工程费用，而且经常由于冲沟的不断发展，截断路基、中断交通，或者由于洪积物掩埋道路，淤塞涵洞，影响正常交通。

冲沟的发展，是以溯源侵蚀的方式由沟头向上逐渐延伸扩展的。在厚度很

地基基础工程事故
案例分析总结

坡积层示意图

大的均质土分布地区，冲沟的发展大致可以分为四个阶段。

1）冲槽阶段。坡面径流局部汇流于凹坡，开始沿凹坡发生集中冲刷，形成不深的切沟。沟床的纵剖面与斜坡剖面基本一致。在此阶段，只要填平沟槽，注意调节坡面流水不再汇注，种植草皮保护坡面，即可使冲沟不再发展。

冲槽阶段

2）下切阶段。由于冲沟不断发展，沟槽汇水增大，沟头下切，沟壁坍塌，使冲沟不断向上延伸和逐渐加宽，此时的沟床纵剖面与斜坡已不一致，出现悬沟陡坎，在沟口平缓地带开始有洪积物堆积。在冲沟发育地带进行公路勘测时，路线应避免从处于下切阶段的冲沟顶部或靠近沟壁的地带通过。否则，除进行一般性的防治外，为防止冲沟进一步发展而影响路基稳定，必须采取积极的工程防治措施，如加固沟头、铺砌沟底、设置跌水及加固沟壁等。

下切阶段

3）平衡阶段。悬沟陡坎已经消失，沟床已下切拓宽，形成凹形平缓的平衡剖面，冲刷逐渐削弱，沟底开始有洪积物沉积。在此阶段，应注意冲沟发生侧蚀和加固沟壁。

4）休止阶段。沟头溯源侵蚀结束，沟床下切基本停止，沟底有洪积物堆积并开始有植物生长。处于休止阶段的冲沟，除地形上的考虑外，对公路工程已无特殊影响。

平衡阶段

（2）洪积层。洪积层是由山洪急流搬运的碎屑物质组成的。当山洪急流夹带大量的泥沙石块流出沟口后，由于沟床纵坡变缓，地形开阔，流速降低，搬运能力骤然降低，所以携带的石块、岩屑、砂砾等粗大的碎屑先在沟口堆积下来，较细的泥沙继续随水搬运，多堆积在沟口外围一带。由于山洪急流的长期作用，在沟口一带就形成了扇形展布的堆积体，在地貌上称为洪积扇。洪积扇的规模逐年增大，有时与相邻沟谷形成的洪积扇相互连接起来，形成规模更大的洪积裙或洪积冲积平原。

洪积层

洪积层的主要特征：

1）组成物质分选不良，粗细混杂，碎屑物质多带棱角，磨圆度不佳。

2）不规则的交错层理、透镜体、尖灭及夹层等。

3）洪积层由于周期性的干燥，常含有可溶盐类物质，在土粒和细碎屑间，往往形成局部的软弱结晶联结，但遇水作用后，联结就会破坏。

洪积扇

4）具有一定的活动性。

工程地质问题：

洪积层一般可作为良好的建筑地基，但应注意中间过渡地带地质条件可能较差，因为粗碎屑土与细粒黏性土的透水性不同而使地下水溢出地表形成沼泽地带，且存在尖灭或透镜体。

洪积层主要分布在山麓坡脚的沟谷出口地带及山前平原，从地形上看，是有利于工程建筑的。如图 4-1 所示为山前洪积扇剖面图。由于洪积物在搬运和沉积过程中的某些特点，规模很大的洪积层一般可划分为三个工程地质条件不同的地段：①靠近山坡沟口的粗碎屑沉积地段，孔隙大、透水性强，地下水埋藏深，压缩性小，承载力比较高，是良好的天然地基。②洪积层外围的细碎屑沉积地段，如果在沉积过程中受到周期性的干燥，黏土颗粒发生凝聚并析出可溶盐分时，则洪积层的结构颇为结实，承载力也是比较高的。③在上述两地段之间的过渡带，因为常有地下水溢出，水文地质条件不良，对工程建筑不利。

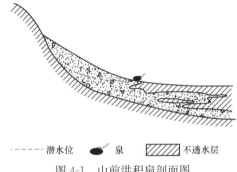

----- 潜水位　🌓 泉　▨ 不透水层

图 4-1　山前洪积扇剖面图

4.1.3　河流的地质作用

我国是多河流的国家，闻名于世的四大河流有：长江、黄河、珠江和黑龙江，流域总面积近 400 万平方公里，占我国国土面积的 40％以上。由于我国地形高差大，各地自然环境条件相差悬殊，构成了河流的区域性特点以及一条河流不同段落上的复杂多变性。

1. 河流要素

河流在地面上是沿着狭长的谷底流动的，这个谷底称为河谷。河谷在平面上呈线性分布，在横剖面上一般近似为 V 形。河谷由几个要素组成，如图 4-2 所示：常年有水流动的部分称为河床，又称河槽；河床两旁的平缓部分称为谷底，谷底一般地势比较平坦，其宽度为两侧谷坡坡麓之间的距离，谷底以上的斜坡称为谷坡；谷坡与谷底交接处称为谷麓。

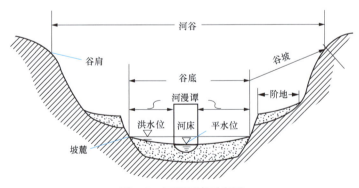

图 4-2　河流要素示意图

2. 河流发展阶段

（1）河流上游或幼年期河谷：下蚀作用剧烈，坡陡流急，沉积物少，河谷横断面多呈 V 形，只有河床和高陡的河谷斜坡，较少见到河流阶地。

（2）河流中游或壮年河谷：河谷开阔，下蚀较弱，以侧蚀为主，河曲较发

长江

黄河

珠江

黑龙江

河流发展阶段示意图

育，多有河流阶地。

（3）河流下游或老年期河谷：侵蚀作用很微弱，主要进行沉积作用。大多处于平原地带，河床外就是冲积平原。个别地段沉积作用剧烈，河床越淤越高，使河水面高出两侧平原地面形成地上河（悬河）。

3. 河水的能量

河水沿河床流动时，具有一定的动能（E）。动能的大小取决于河水的流量（Q）和河水的流速（v），则河水动能 E 可用下式表示

$$E = \frac{1}{2}Qv^2$$

河水在流动的过程中，消耗的能量主要表现在：①克服阻碍流动的各种摩擦力。如河水与河床之间的摩擦力、河水水流本身的黏滞力等；②搬运水流中所携带的泥沙等物质。假设这两部分所消耗的总能量为 E'：

当 $E > E'$ 时，多余的能量将会对河床产生侵蚀作用。

当 $E = E'$ 时，则河水仅起着维持本身运动和搬运水流中泥沙的作用。

当 $E < E'$ 时，河水中所携带的物质将有一部分沉积下来，即产生沉积作用。

河流的侵蚀作用、搬运作用和沉积作用在整条河流上同时进行，相互影响。在河流的不同段落上，三种作用进行的强度并不相同，以某一种作用为主。

下蚀作用

黄河侧蚀作用

4. 河流的侵蚀、搬运和沉积作用

（1）侵蚀作用。河水在流动的过程中不断加深和拓宽河床的作用称为河流的侵蚀作用。

1）侵蚀作用按作用方式分类。

①溶蚀：河水对组成河床的可溶性岩石不断进行的化学溶解，使之逐渐随水流失。

②机械侵蚀：流动的河水对河床组成物质的直接冲击和夹带砂砾、卵石等固体物质对河床的磨蚀。

2）按河床不断加深和拓宽的发展过程分类。

①下蚀作用：流水对河底岩石的侵蚀（磨、冲刷、溶）使河床逐渐下切和加深的作用。

②侧蚀作用：河水对河床两岸的岩石进行侵蚀，使河谷加宽或使河道左右迁移的作用。

侧蚀作用过程

（2）搬运作用。河流的搬运作用是指河流在流动的过程中将河床上剥蚀下来的固体物质移动使其离开原地的作用。

根据流速、流量和泥沙石块的大小不同，物理搬运又可分为悬浮式、跳跃式和滚动式三种方式。悬浮式搬运的主要是颗粒细小的砂和黏性土，悬浮于水中或水面，顺流而下。例如黄河中大量黄土颗粒主要是悬浮式搬运。悬浮式搬运是河流搬运的重要方式之一，它搬运的物质数量最大，例如黄河每年的悬浮

搬运量可达 6.72 亿 t，长江每年有 2.58 亿 t。跳跃式搬运的物质一般为块石、卵石和粗砂，它们有时被急流、涡流卷入水中向前搬运，有时则被缓流推着沿河底滚动。滚动式搬运的主要是巨大的块石、砾石，它们只能在水流强烈冲击下，沿河底缓慢向下游滚动。

（3）河流的沉积作用与冲积层（Q^{al}）。河流在运动过程中，能量不断受到损失，当河水夹带的泥沙、砾石等搬运物质超过了河水的搬运能力时，被搬运的物质便在重力作用下逐渐沉积下来，称为沉积作用，河流的沉积物称为冲积层。河流沉积物几乎全部是泥沙、砾石等机械碎屑物，而化学溶解的物质多在进入湖盆或海洋等特定的环境后才开始发生沉积。

冲积层的特点从河谷单元来看，可以分为两大部分：河床相与河漫滩相。河床相沉积物颗粒较粗。河漫滩相下部为河床沉积物，颗粒粗；表层为洪水期沉积物颗粒细，以黏土、粉土为主，河谷这样两种不同特点的沉积层称为"二元结构"。

从河流纵向延伸来看，由于不同地段流速降低的情况不同，各处形成的沉积层就具有不同特点，基本可分为四大类型段：

1）在山区，河床纵坡陡、流速大，侵蚀能力较强，沉积作用较弱。河床冲积层多以巨砾、卵石和粗砂为主。

2）当河流由山区进入平原时，流速骤然降低，大量物质沉积下来，形成冲积扇。冲积扇的形状和特征与前述洪积扇相似，但冲积扇规模较大，冲积层的分选性及磨圆度更高。

3）在河流中、下游，则由细小颗粒的沉积物组成广大的冲积平原，例如黄河下游、海河及淮河的冲积层构成的华北大平原。冲积平原也常分布有牛轭湖相沉积，如长江的江汉平原。

4）在河流入海的河口处，流速几乎降到零，河流携带的泥沙绝大部分都要沉积下来。若河流沉积下来的泥沙大量被海流卷走，或河口处地壳下降的速度超过河流泥沙量的沉积速度，则这些沉积物不能保留在河口或不能露出水面，这种河口则形成港湾。

从冲积层的形成过程，可知它具有以下特征：

1）冲积层分布在河床、冲积扇、冲积平原或三角洲中；冲积层的成分非常复杂，河流汇水面积内的所有岩石和土都能成为该河流冲积层的物质来源。与前面讨论过的三种第四纪沉积层相比，冲积层分选性好，层理明显，磨圆度高。

2）山区河流沉积物较薄，颗粒较粗，承载力较高且易清除，地基条件较好。

3）由于冲积平原分布广，表面坡度比较平缓，多数大、中城市都坐落在冲积层上；道路也多选择在冲积层上通过。作为工程建筑物的地基，砂、卵石的承载力较高，黏性土较低。在冲积平原特别应当注意冲积层中两种不良沉积物，一种是软弱土层，例如牛轭湖、沼泽地中的淤泥、泥炭等；另一种是容易发生流沙现象的细、粉砂层。遇到它们应当采取专门的设计和施工措施。

4）三角洲沉积物含水量高，常呈饱和状态，承载力较低。但其最上层，因长期干燥比较硬实，承载力较下面高，俗称硬壳层，可用作低层建筑物的天

地上河

河床高出两岸地面的河，又称"地上河"。从桃花峪到入海口，流程 768km。每年大约有 4 亿 t 泥沙淤积在黄河下游河道内，河床逐年升高。黄河下游是世界上著名的"悬河"，河床滩面高出背河地面一般 3～5m。

冲积作用过程

然地基。三角洲示意图如图 4-3 所示。

5）冲积层中的砂、卵石、砾石常被选用为建筑材料。厚度稳定、延续性好的砂、卵石层是丰富的含水层，可以作为良好的供水水源。

5. 河流阶地

河谷内河流侵蚀或沉积作用形成的阶梯状地形称阶地或台地。若阶地延伸方向与河流方向垂直称横向阶地；若阶地延伸方向与河流方向平行称纵向阶地。阶地示意图如图 4-4 所示。

横向阶地是由于河流经过各种悬崖、陡坎，或经过各种软硬不同的岩石，其下切程度不同而造成的。河流在经过横向阶地时常呈现为跌水或瀑布，故横向阶地上较难保存冲积物，并且随着强烈下蚀作用的继续进行，这些横向阶地将向河源方向不断后退。

纵向阶地是地壳上升运动与河流地质作用的结果。地壳每一次剧烈上升，使河流侵蚀基准面相对下降，大大加速

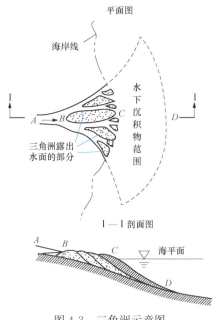

图 4-3 三角洲示意图

河流阶地的类型

了下蚀的强度，河床底被迅速向下切割，河水面随之下降。以致再到洪水期时也淹没不到原来的河漫滩了。这样，原来的老河漫滩就变成了最新的Ⅰ级阶地，原来的Ⅰ级阶地变为Ⅱ级，依此类推，在最下面则形成新的河漫滩。道路沿河流行进，通常都选择在纵向阶地上，故一般不加以说明时，阶地即指纵向阶地。

河流地质作用与工程建筑的关系

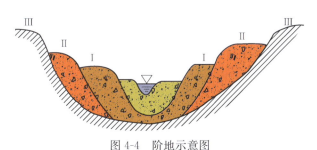

图 4-4 阶地示意图

4.2 地下水的地质作用

在土木工程建设中，地下水常常起着重要作用。一方面，地下水是供水的重要来源，特别是在干旱地区，地表水缺乏，供水主要靠地下水；另一方面，地下水的活动又是威胁施工安全，造成工程病害的重要因素，例如发生基坑、隧道涌水、滑坡活动，基础沉陷和冻涨变形等都与地下水活动有直接关系。这

些都要求我们学习和掌握地下水地质作用的基本知识，以便防止地下水的有害方面，应用其有利方面为工程建设服务。

4.2.1　地下水概述

1. 岩土的空隙

地下水存在于岩土的空隙之中，地壳表层 10km 以上范围内，都或多或少存在着空隙，特别是浅部 1～2km 范围内，空隙分布更为普遍。岩土的空隙既是地下水的储存场所，又是地下水的渗透通道，空隙的多少、大小及其分布规律，决定着地下水的分布与渗透的特点。根据岩土空隙的成因不同，把空隙分为孔隙、裂隙和溶隙三大类（见图 4-5）。

(a) 分选良好排列疏松的砂

(b) 分选良好排列紧密的砂

(c) 分选不良含泥、砂的砾石

(d) 部分胶结的砂岩

(e) 具有裂隙的岩石

(f) 具有溶隙的可溶岩

图 4-5　岩土中的空隙示意图

（1）孔隙。松散岩土（如黏土、砂土、砾石等）中颗粒或颗粒集合体之间存在的空隙，称为孔隙。孔隙的发育程度用孔隙度（n）表示。所谓孔隙度是岩土中空隙的体积与岩土总体积之比。

（2）裂隙。坚硬岩石受地壳运动及其他内外地质营力作用的影响产生的空隙，称为裂隙。裂隙发育程度用裂隙率表示，所谓裂隙率是坚硬岩石中各种裂隙的体积与岩石总体积之比。

（3）溶隙。可溶岩（石灰岩、白云岩等）中的裂隙经地下水流长期溶蚀形成的空隙称为溶隙。

2. 水在岩土中的存在形式

根据空隙中水存在的物理状态，水与岩土颗粒的相互作用等特征，一般将水在空隙中存在的形式分为五种，即气态水、结合水、重力水、毛细水和固态水。

重力水存在于岩土颗粒之间，结合水层之外，它不受颗粒静电引力的影响，可在重力作用下运动。一般所指的地下水如井水、泉水、基坑水等都是重力水，它具有液态水的一般特征，可传递静水压力。重力水能产生浮托力、孔隙水压力。流动的重力水在运动过程中会产生动水压力。重力水具有溶解力，对岩石产生化学潜蚀，导致岩石的成分和结构发生破坏。重力水是本章研究的主要对象。

3. 含水层和隔水层

（1）含水层：能够给出并透过相当数量重力水的岩层或土层。

谋事要有方案，做事要有标准

2017 年 11 月，国土资源部组织修订的《地下水质量标准》，经国家质检总局、国家标准化管理委员会批准发布。与修订前相比，新版标准将地下水质量指标划分为常规指标和非常规指标，并根据物理化学性质做了进一步细分，水质指标由 39 项增加至 93 项，其中有机污染指标增加了 47 项。该标准的修订将为全国地下水污染调查评价和国家地下水监测工程实施提供支撑。

（2）隔水层：不能给出并透过水的岩层、土层，或者这些岩土层给出与透过水的数量是微不足道的。

（3）构成含水层的条件：①岩土中要有空隙存在，并充满足够数量的重力水；②这些重力水能够在岩土空隙中自由运动。

4. 地下水的物理化学性质

（1）物理性质。

1）地下水的物理性质包括温度、颜色、透明度、嗅（气味）、味（味道）、导电性及放射性等。地下水的温度变化范围很大。地下水温度的差异，主要受各地区的地温条件所控制。通常随埋藏深度不同而异，埋藏越深的，水温越高。

2）地下水一般是无色、透明的，但当水中含有某些有色离子或含有较多的悬浮物质时，便会带有各种颜色和显得混浊。如含有高铁的水为黄褐色，含腐殖质的水为淡黄色。

3）地下水一般是无嗅、无味的，但当水中含有硫化氢气体时，水便有臭蛋味，含氯化钠的水味咸，含氯化镁或硫化镁的水味苦。

4）地下水的导电性取决于所含电解质的数量与性质（即各种离子的含量与离子价），离子含量越多，离子价越高，则水的导电性越强。

（2）化学性质。

1）地下水中常见的成分。地下水中含有多种元素，有的含量大，有的含量甚微。地壳中分布广、含量高的元素，如 O、Ca、Mg、Na、K 等在地下水中最常见。有的元素如 Si、Fe 等在地壳中分布很广，但在地下水中不多；有的元素如 Cl 等在地壳中极少，但在地下水中却大量存在。这是因为各种元素的溶解度不同，所有这些元素是以离子、化合物分子和气体状态存在于地下水中，而以离子状态为主。

2）氢离子浓度（pH 值）。氢离子浓度是指水的酸碱度，用 pH 值表示。根据 pH 值可将水分为五类。地下水的氢离子浓度主要取决于水中 HCO_3^-、CO_3^{2-} 和 H_2CO_3 的数量。自然界中大多数地下水的 pH 值在 6.5～8.5 之间。

3）总矿化度。水中离子、分子和各种化合物的总量称为总矿化度，以 g/L 表示。

4）水的硬度。水的总硬度指水中钙、镁离子的总浓度，其中包括碳酸盐硬度（即通过加热能以碳酸盐形式沉淀下来的钙、镁离子，故又称暂时硬度）和非碳酸盐硬度（即加热后不能沉淀下来的那部分钙、镁离子，又称永久硬度）。

4.2.2 地下水的类型

地下水可分为九种基本类型，见表 4-1。为叙述方便，分别按埋藏条件及含水层性质讨论其特征。

1. 地下水按埋藏条件分类及其特征

（1）上层滞水。埋藏在地面以下包气带中的水，称上层滞水，如图 4-6 所示。上层滞水可分为非重力水和重力水两种。非重力水主要指吸着水、薄膜水

水按 pH 分类

想一想：矿泉水是怎么分类的？

矿泉水（英文：mineral water）是含有矿物质、微量元素或其他物质的一类饮用水以地下矿泉涌出的水为原料。

和毛细水，又称为土壤水。重力水则指包气带中局部隔水层上的水。

表 4-1 地下水按埋藏条件和含水层性质分类

含水介质类型 埋藏条件	孔隙水	裂隙水	岩溶水
上层滞水	局部黏性土隔水层上季节性存在的重力水	裂隙岩层浅部季节性存在的重力水及毛细水	裸露的岩溶化岩层上部岩溶通道中季节性存在的重力水
潜水	各类松散堆积物浅部的水	裸露于地表的各类裂隙岩层中的水	裸露于地表的岩溶化岩层中的水
承压水（自流水）	山间盆地及平原松散堆积物深部的水	组成构造盆地、向斜构造或单斜断块的被掩覆的各类裂隙岩层中的水	组成构造盆地、向斜构造或单斜断块的被掩覆的岩溶化岩层中的水

地下水埋藏示意图

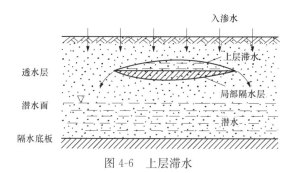

图 4-6　上层滞水

上层滞水的形成是在大面积透水的水平或缓倾斜岩层中，有相对隔水层、降水或其他方式补给的地下水向下部渗透过程中，因受隔水层的阻隔而滞留、聚集于隔水层之上，形成上层滞水。受气候控制，季节性明显，变化大，雨季水量多，旱季水量少，甚至干涸。

（2）潜水。埋藏在地面以下第一个稳定的隔水层之上，具有自由水面的重力水称为潜水。潜水的自由表面称为潜水面。从潜水面至地面的铅直距离称为潜水的埋藏深度。潜水面上任一点的标高称为该点的潜水位。潜水面至隔水底板的铅直距离称为潜水含水层的厚度，它是随潜水面的变化而变化的。潜水的特征如下：

1）潜水面以上无稳定的隔水层存在，大气降水和地表水可直接渗入，成为潜水的主要补给来源。因此，在大多数的情况下潜水的分布区与补给区是一致的，某些气象水文要素的变化能很快影响潜水的变化，潜水的水质也容易受到污染。

2）潜水自水位较高处向水位较低处渗流。在山脊地带潜水位的最高处可形成潜水分水岭，自此处潜水流向不同的方向。潜水面的形状是因时因地而异的，它受地形、地质、气象、水文等自然因素控制，并常与地形有一定程度的一致性。一般地面坡度越大，潜水面的坡度也越大，但潜水面坡度经常小于当地的地面坡度。

（3）承压水。埋藏并充满在两个隔水层之间的地下水，是一种有压重力水，称承压水，上隔水层称承压水的顶板，下隔水层称底板。由于承压水承受压力，当由地面向下钻孔或挖井打穿顶板时，这种水能沿钻孔或井上升，若水压力较大时，甚至能喷出地表形成自流，故也称自流水（见图4-7）。

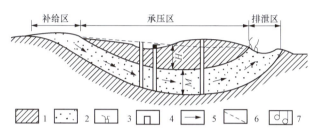

1—隔水层；2—含水层；3—喷水钻孔；4—不自喷钻孔；5—地下水流向；6—测压水位；7—泉

图4-7　自流盆地构造图

承压水的分布——自流盆地及自流斜地。承压水主要分布在第四纪以前的较老岩层中，在某些第四纪沉积物岩性发生变化的地区也可能分布着承压水。承压水的形成和分布特征与当地地质构造有密切关系，最适宜形成承压水的地质构造有向斜构造和单斜构造两种。有承压水分布的向斜构造可称为自流盆地，如图4-8所示。有承压水分布的单斜构造可称为自流斜地，如图4-9所示。

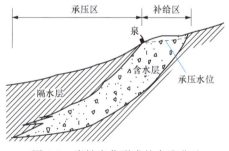

图4-8　岩性变化形成的自流盆地

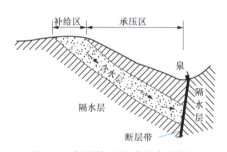

图4-9　断裂构造形成的自流斜地

2. 地下水按含水层性质分类及其特征

（1）孔隙水。在孔隙含水层中储存和运动的地下水称为孔隙水。孔隙含水层多为松散沉积物，主要是第四纪沉积物。少数孔隙度较高、孔隙较大的基岩，如某些胶结程度不好的碎屑沉积岩，也能成为孔隙含水层。

根据孔隙含水层埋藏条件的不同，可以有孔隙—上层滞水、孔隙—潜水和孔隙—承压水三种基本类型，常见情况是孔隙—潜水型。

就含水层性质来说，岩土的孔隙性对孔隙水影响最大。例如，岩土颗粒粗大而均匀，就使孔隙较大，透水性好，因此孔隙水水量大、流速快、水质好。

大自流盆地，亦称澳大利亚大盆地，是世界上最大的自流盆地，地跨昆士兰、南威尔士和南澳大利亚3洲。面积1750000km²，占澳洲总面积的1/5。地下水位差异极大。最深的自流井达2100m。日平均涌水量达13亿L。

承压水的补给与排泄

其次，岩土的成因和成分以及颗粒的胶结情况对孔隙水也有较大影响。所以在研究孔隙水时，必须对含水层岩土的颗粒大小、形状、均匀程度、排列方式、胶结情况及岩土的成因和岩性进行详细研究。

（2）裂隙水。在裂隙含水层中储存和运动的地下水称为裂隙水。这种水的含水层主要由裂隙岩石构成。裂隙水运动复杂，水量、水质变化较大，主要与裂隙成因及发育情况有关。岩石中的裂隙按成因可分为有风化的、成岩的及构造的三大类，因而裂隙水就分为风化裂隙水、成岩裂隙水和构造裂隙水三种基本类型。

裂隙水

（3）岩溶水。埋藏于溶隙中的重力水称为岩溶水（或喀斯特水）。岩溶水可以是潜水，也可以是承压水。一般来说，在裸露的石灰岩分布的岩溶水主要是潜水；当岩溶化岩层被其他岩层所覆盖时，岩溶潜水可以转变为岩溶承压水。

岩溶水

4.2.3　地下水对土木工程的影响

1. 地下水水质评价

在铁路建设中，地下水水质评价的目的主要是为了满足生活用水、机车用水和工程用水等对水质的要求，以及了解地下水对混凝土的侵蚀性。

工程用水主要是施工拌和混凝土用水，其水质标准主要是：pH 值不得小于 4；SO_4^{2-} 的含量不超过 1500mg/L；此外，不得使用海水或其他含有盐类的水，不得使用沼泽水、泥炭地的水、工厂废水及含矿物质较多的硬水拌和混凝土，含有脂肪、植物油、糖类及游离酸等杂质的水也禁止使用。

2. 地下水对混凝土的侵蚀性

土木工程建筑物，如房屋桥梁基础、地下洞室衬砌和边坡支挡建筑物等，都要长期与地下水相接触，地下水中各种化学成分与建筑物中的混凝土产生化学反应，使混凝土中某些物质被溶蚀，强度降低，结构遭到破坏，或者在混凝土中生成某些新的化合物，这些新化合物生成时体积膨胀，使混凝土开裂破坏。地下水对混凝土的侵蚀有以下几种类型：

（1）溶出侵蚀：硅酸盐水泥遇水硬化，生成氢氧化钙，水化硅酸钙（$2CaO \cdot SiO_2 \cdot 12H_2O$）、水化铝酸钙（$2CaO \cdot Al_2O_3 \cdot 6H_2O$）等。地下水在流动过程中对上述生成物中的 $Ca(OH)_2$ 及 CaO 成分不断溶解带走，使混凝土强度下降。这种溶解作用不仅和混凝土的密度、厚度有关，而且和地下水中 HCO_3^- 的含量关系很大，因为水中 HCO_3^- 与混凝土中 $Ca(OH)_2$ 化合生成 $CaCO_3$ 沉淀，即

$$Ca(OH)_2 + Ca(HCO_3)_2 \rightarrow 2CaCO_3 \downarrow + 2H_2O$$

$CaCO_3$ 不溶于水，既可充填混凝土空隙，又可以在混凝土表面形成一个保护层，防止 $Ca(OH)_2$ 溶出，因此 HCO_3^- 含量越高，水的侵蚀性越弱，当 HCO_3^- 含量低于 2.0mg/L 或暂时硬度小于 3 度时，地下水具有溶出侵蚀性。

（2）碳酸侵蚀：几乎所有的水中都含有以分子形式存在的 CO_2，常称游离 CO_2。水中 CO_2 与混凝土中 $CaCO_3$ 的化学反应是一种可逆反应，即

$$CaCO_3 + CO_2 + H_2O \leftrightarrow Ca(HCO_3)_2 \leftrightarrow Ca^{2+} + 2HCO_3^-$$

当 CO_2 含量过多时，反应向右进行，使 $CaCO_3$ 不断被溶解，当 CO_2 含量过少，或水中 HCO_3^- 含量过高时，反应向左进行，析出固体的 $CaCO_3$。只有当 CO_2 与 HCO_3^- 的含量达到平衡时，生成的和被溶解的 $CaCO_3$ 数量相等，反应相对静止，此时所需的 CO_2 含量称为平衡 CO_2。若游离 CO_2 含量超过平衡时所需含量，则超出的部分称为侵蚀性 CO_2，它使混凝土中的 $CaCO_3$ 被溶解，直到形成新的平衡为止。可见，侵蚀性 CO_2 越多，对混凝土侵蚀性越强。当地下水流量、流速都较大时，CO_2 容易不断得到补充，平衡不易建立，侵蚀作用不断进行。

（3）硫酸盐侵蚀：水中 SO_4^{2-} 含量超过一定数值时，对混凝土造成侵蚀破坏。一般 SO_4^{2-} 含量超过 250mg/L 时，就可能与混凝土中的 $Ca(OH)_2$ 作用生成石膏。石膏在吸收 2 分子结晶水生成二水石膏（$CaSO_4 \cdot 2H_2O$）过程中，体积膨胀到原来的 1.5 倍。SO_4^{2-}、石膏还可以与混凝土中的水化铝酸钙作用，生成水化硫铝酸钙结晶，其中含有多达 31 分子的结晶水，又使新生成物比原来的体积增大到 2.2 倍。反应式如下

$$3(CaSO_4 \cdot 2H_2O) + 3CaO \cdot Al_2O_3 \cdot 6H_2O +$$
$$19H_2O \rightarrow 3CaO \cdot Al_2O_3 \cdot 3CaSO_4 \cdot 31H_2O$$

水化硫铝酸钙的形成使混凝土严重溃裂，现场称为水泥细菌。

当使用含水化铝酸钙极少的抗酸水泥时，可大大提高抗硫酸盐侵蚀的能力；当 SO_4^{2-} 含量低于 3000mg/L 时，就不具有硫酸盐侵蚀性。

（4）一般性侵蚀：地下水的 pH 值较小时，酸性较强，这种水与混凝土中 $Ca(OH)_2$ 作用生成各种钙盐，若生成物易溶于水，则混凝土被侵蚀。一般认为 pH 值小于 5.2 时具有侵蚀性。

（5）镁盐侵蚀：地下水中的镁盐（$MgCl_2$、$MgSO_4$ 等）与混凝土中的 $Ca(OH)_2$ 作用生成易溶于水的 $CaCl_2$ 及易产生硫酸盐侵蚀的 $CaSO_4$，使 $Ca(OH)_2$ 含量降低，引起混凝土中其他水化物的分解破坏。一般认为 Mg^{2+} 含量大于 1000mg/L 时有侵蚀性，通常地下水中 Mg^{2+} 含量都小于此值。

地下水对混凝土的侵蚀性除与水中化学成分的单独作用及相互影响有密切关系外，还与建筑物所处的环境、使用的水泥品种等因素有关，必须综合考虑。

3. 地下水对工程建设的影响

（1）地下水位变化的影响。

1）地下水位上升。一般情况下，地下水距基础底面 3～5m 时便可对建筑物及其地面设施构成威胁，主要表现：

a. 地基土局部浸水、软化，承载力降低，建筑物发生不均匀沉降。

b. 地基一定范围内形成较大的水位差，使地下水渗流速度加快，增强地下水对土体的潜蚀能力，引发地面塌陷。

c. 地基土湿陷：湿陷性黄土浸水后发生湿陷，加剧砂土的地震液化。

2013 年 5 月 5 日，甘肃省永登县中堡镇翻山岭水库蓄水试验阶段出现管涌，事故共造成附近 257 户总计 1020 村民受灾，耕地受灾面积 960 亩。

管涌视频

用科技解决资源开发
和环境保护的矛盾

武强（1959 年
10—），男，汉族，
内蒙古呼和浩特人，
我国矿床水文地质
学的第一位博士，
中国共产党员，
2015 年 1 月正式当
选为中国工程院能
源与矿业工程学部
院士，先后获国家
科技进步奖二等奖 2
项，省部级一等奖
10 项，获国家发明
专利 20 余项，国家
软件著作权 20 余
项，主编国家技术
标准和工具书多项，
为我国重大透水事
故调查和防治做出
贡献。

d. 地基土冻胀：地基土冻胀、地面隆起、桩台隆胀等。

2）地下水位下降。当地下水位大面积下降时，可造成地面沉降；而地下水位局部下降时，引起地面塌陷以及基坑坍塌等工程事故。地面沉降与塌陷的主要危害有：

a. 降低城市抵御洪水、潮水和海水入侵的能力；

b. 地面沉降引起桥墩、码头、仓库地坪下沉，桥面下净空减小，不利于航运；

c. 建筑物倾斜或损坏，桥墩错动，造成水利设施、交通线路破坏、地下管网断裂。

（2）地下水对地基的渗透破坏。

1）流砂。流砂是指松散细颗粒土被地下水饱和后，在动水压力即水头差的作用下，产生的地下水自下而上悬浮流动现象。地基由细颗粒组成，如细砂、粉砂、粉质黏土等，且水力梯度较大，流速增大条件下，当动水压力超过土颗粒的重量时，就可以使土颗粒悬浮流动形成流砂。

2）管涌。在渗流作用下，土体中的细颗粒被地下水从粗颗粒的空隙中带走，从而导致土体形成贯通的渗流通道，造成土体塌陷现象。管涌破坏一般有一个发展过程，是一种渐进性的破坏。管涌一般发生在一定级配的无黏性土中，发生部位可以在渗流逸出处，也可以在土体内部，因而也被称为渗流的一种潜蚀现象，其特征是：颗粒大小比值差别较大，往往缺少某种粒径；土粒磨圆度较好；孔隙直径大而互相连通，细粒含量较少，不能全部充满孔隙；颗粒多由比重较小的矿物构成，易随水流移动；有良好的排泄条件等。

3）潜蚀。潜蚀作用可分为机械潜蚀和化学潜蚀两种。机械潜蚀是指土粒在地下水的动水压力作用下受到冲刷，将细粒冲走，使土的结构破坏，形成洞穴的作用；化学潜蚀是指地下水溶解土中的易溶盐分，使土粒间的结合力和土的结构破坏，土粒被水带走，形成洞穴的作用。这两种作用一般是同时进行的。在地基土层内如具有地下水的潜蚀作用时，将会破坏地基土的强度，形成空洞，产生地表塌陷，影响建筑工程的稳定。在我国的黄土层及岩溶地区的土层中，常有潜蚀现象发生，修建建筑物时应予以注意。

对潜蚀的处理可以采用堵截地表水流入土层、阻止地下水在土层中流动、设置反滤层、改造土的性质、减小地下水流速及水力坡度等措施。这些措施应根据当地的具体地质条件分别或综合采用。

（3）地下水压力对地基基础的破坏。

1）地下水的浮托作用。当建筑物基础底面位于地下水位以下时，地下水对基础底面产生静水压力，即产生浮托力。确定地基承载力设计值时，无论是基础底面以下土的天然重度或是基础底面以上土的加权平均重度，地下水位以下一律取有效重度。

2）基坑突涌。当基坑下伏有承压含水层时，开挖基坑减小了底部隔水层的厚度。当隔水层较薄经受不住承压水头压力作用时，承压水的水头压力会冲破基坑底板，这种工程地质现象被称为基坑突涌。为避免基坑突涌的发生，必须验算基坑底层的安全厚度 M。基坑底层厚度与承压水头压力的平衡关系式为

$$\gamma M = \gamma_{\mathrm{w}} H$$

课　后　拓　展　学　习

（1）简述地下水抽采对城市建设的影响。

（2）简述地面沉降和地面塌陷的形成机理及区别。

（3）土的盐渍化与地下水、地表水有何关系？

课　后　实　操　训　练

完成论文"××地区深基坑突水灾害原因分析"。

教　学　评　价　与　检　测

评价依据：

1. 论文

2. 理论测试题

（1）何谓淋滤作用？试说明其地质作用特征。

（2）河流地质作用表现在哪些方面？河流侧蚀作用和公路建设有何关系？

（3）何谓残积层？试说明残积层的工程地质特征。

（4）第四纪沉积物的主要类型有哪几种？

（5）什么是地下水？地下水的物理性质包括哪些内容？地下水的化学成分有哪些？

（6）地下水按埋藏条件可以分为哪几种类型？它们有何不同？

（7）试说明地下水与工程建设的关系。

5 地 质 灾 害

教 学 目 标

（一） 总体目标

地质灾害包括自然地质灾害和人为地质灾害。自然地质灾害是自然地质作用引起的灾害。传统的工程地质学研究自然地质灾害的特征、类型、地质环境和形成条件、作用机理、对工程建筑的危害和防治措施及原则等内容。人为地质灾害是由于人类工程活动使周围地质环境发生恶化而诱发的地质灾害。例如工程开挖诱发山体松动、滑坡和崩塌，修建水库诱发地震，城市过度开采地下水引起的地面沉降；通过本章学习，学生应掌握常见的地质灾害滑坡、崩塌、泥石流、岩溶等的基本概念、形成条件、基本类型、防治原则及措施；熟悉地震的成因类型，掌握震级、烈度的概念，正确认识震级与烈度的关系。

（二） 具体目标

1. 专业知识目标

（1）掌握滑坡及其主要形态特征，形成滑坡的条件和影响滑坡发生的因素。

（2）掌握滑坡的防治原则及防治措施。

（3）掌握崩塌的定义及崩塌的防治原则和防治措施。

（4）掌握岩堆的工程地质特征及处理原则和防治措施。

（5）掌握泥石流、泥石流的形成条件及发育特点。

（6）熟悉地震的成因类型，掌握震级、烈度的概念。

2. 综合能力目标

（1）掌握常见的地质灾害滑坡、崩塌、泥石流、岩溶等的基本概念、形成条件、基本类型、防治原则及措施。

（2）正确认识震级与烈度的关系。

3. 综合素质目标

（1）激发学生对专业的热爱和学习激情，提升学生专业认同感。

（2）以中国工程地质灾害实例及应急救援的过程激发同学的责任使命担当。

（3）通过中国工程地质灾害的预防和防治，使学生具有主动为国家人民生命和财产安全服务的意识，增强科技报国意识。

教 学 重 点 和 难 点

（一）重点

（1）掌握斜坡与边坡地质作用。

（2）掌握岩石风化的勘察评价与防治。

（3）地质灾害的特征、成因、作用特点、形成规律。

（二）难点

（1）崩塌、泥石流、滑坡作用机理及防治。

（2）河流的侵蚀、搬运作用机理及防治。

（3）常见地质灾害对工程的不良影响及防治措施。

教 学 策 略

地质灾害是各种灾害中最重要的一种。据估计我国由地质灾害造成的损失占各种灾害总损失的 35%。在地质灾害中，崩塌、泥石流、滑坡及人类工程活动诱发的浅表生地质灾害造成的损失占一半以上，每年约损失 200 亿元，而且大多集中在我国西部山区和高原地区，这对我国经济建设重点逐渐向中西部转移和开发西部战略有重要的意义和影响，必须予以足够的重视。本章是工程地质课程的第 5 章，起着承前启后的重要作用，教学内容涉及面广，专业性较强。采取"课前引导——课中教学互动——技能训练——课后拓展"的教学策略。

（1）课前引导：提前介入学生学习过程，要求学生复习土木工程概论、土木工程材料等前期学过的专业基础课程并进行测试，为课程学习进行知识储备。

（2）课中教学互动：教师讲解中以提问、讨论等增加教和学的互动，拉近教师和学生心理距离，把专业教学和情感培育有机结合。

（3）技能训练：引导学生运用课堂所学专业知识解决实际问题，培育学生实践能力。

（4）课后拓展：引导学生自主学习与本课程相关的其他专业知识，既培养学生自主学习的能力，还为进一步开展课程学习提供保障。

教 学 架 构 设 计

（一）教学准备

（1）情感准备：和学生沟通，了解学情，鼓励学生，增进感情。

（2）知识准备：

复习：本书第 1~3 章内容。

预习：本书第 5 章"地质灾害"。

（3）授课准备：学生分组，要求学生带问题进课堂。

（4）资源准备：授课课件、数字资源库等。

（二）教学架构

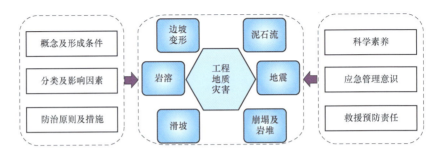

（三）实操训练

完成"××年××省工程地质灾害调查报告"的搜集。

（四）思政教育

根据授课内容，本章主要在专业认同感、民族自豪感、自主学习能力三个方面开展思政教育。

（五）效果评价

采用注重学生全方位能力评价的"五位一体评价法"，即自我评价（20%）＋团队评价（20%）＋课堂表现（20%）＋教师评价（20%）＋自我反馈（20%）评价法。同时引导学生自我纠错、自主成长并进行学习激励，激发学生学习的主观能动性。

（六）教学方法

案例教学、启发教学、小组学习、互动讨论等。

（七）学时建议

6/36（课程总学时：36 学时）。

课 堂 教 学

课 前 引 导

（1）课前复习：本书第 1～3 章内容。
（2）课前预习：本书第 5 章"地质灾害"。

课 堂 导 入

以我国 2008 年 5 月 12 日汶川地震为地质灾害案例开始课堂，首先展示汶川地震发生的地点，给我们国家造成的损失，救援的具体过程，特别强调科学救援的前提是了解一定的地质学内容，最后从地质学的角度解释汶川地震发生的原因：由于印度洋板块每年以一定的速度向北移动，使得亚欧板块受到压力，并造成青藏高原快速隆升。同时受重力影响，青藏高原东面沿龙门山在逐渐下沉，且面临着四川盆地的顽强阻挡，造成构造应力能量的长期积累。汶川

铭记伤痛，致敬重生，跨越奋进
　　5·12 汶川地震是我国成立以来破坏性最强、波及范围最广、灾害损失最重、救灾难度最大的一次地震。

地区的地壳脆性大，韧性小，能量在该地区突然释放，造成了逆冲、右旋、挤压型断层地震。

5.1　滑　　坡

5.1.1　滑坡及其形态特征

边坡（也称斜坡）上大量的岩体、土体在重力作用下，沿着边坡内部一个或几个滑动面（或滑动带）整体向下滑动，且水平位移大于垂直位移的坡体变形现象称为滑坡。

滑坡是山区交通线路、水库和城市建设中经常碰到的工程地质问题之一，由此造成的损失和危害极大。在进行新线路勘测设计时，如果没有查明滑坡的存在，施工期间开挖边坡后，边坡上的岩、土体就会发生滑动，形成滑坡，规模巨大的一些滑坡，有时迫使正在修建的线路不得不放弃已建工程，重新选线。运营线上因为发生滑坡中断行车的事故，历年都有发生，1981年宝成线北段暴雨成灾，引起大量的滑坡、泥石流、整段路基被毁，桥梁被冲垮，中断行车数月，一些地段不得不进行局部改建，损失巨大。改建工程历时4年之久才结束。

据不完全统计，我国铁路沿线大小滑坡1000余处，绝大多数分布于西南、中南、华东、西北（陕西、陇东）等地区，大致沿黄河以南，贺兰山、六盘山、横断山脉以东的铁路沿线滑坡比较集中，约占滑坡总数的80%，此线以北和以西的铁路沿线，滑坡分布零散，规模也较小，仅占滑坡总数的20%。受滑坡危害的铁路线有宝成、宝天、成昆、鹰夏、川黔、襄渝等线，滑坡分布平均密度一般每百千米超过10处，个别甚至可达20～30处。

滑坡在滑动过程中，常常在地面留下一系列的滑动后的形态，这些形态特征可以作为判断是否有滑坡存在的可靠标志。通常一个发育完全的、比较典型的滑坡，具有如图5-1所示形态特征。

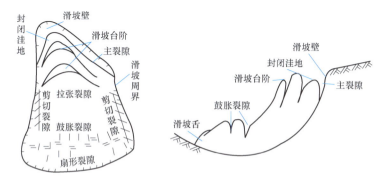

图5-1　滑坡平面、剖面形态特征

滑坡体：沿滑动面向下滑动的那部分岩、土体，可简称滑体。滑坡体的体积，小的为几百至几千立方米，大的可达几百万甚至几千万立方米。

汶川地震

摸清灾害本质，指引防治方向

　　滑坡本质上是一种重力流，即物质在自身重力的作用下从高处向低处流动，因此滑坡多发生在高低起伏的山区、丘陵地带。近年来，人类活动也成为一个重要诱因，对山体不合理的改造，无计划的开采矿山资源等都可以诱发滑坡。

滑坡

　　滑动面：滑坡体沿其下沿的面。此面是滑动体与下面不动的滑床之间的分界面。有的滑坡有明显的一个或几个滑动面；有的滑坡没有明显的滑动面，而有一定厚度的由软弱岩土层构成的滑动带。大多数滑动面由软弱岩土层层理面或节理面等软弱结构面贯通而成。确定滑动面的性质和位置是进行滑坡整治的先决条件和主要依据。

　　滑坡床和滑坡周界：滑坡面下稳定不动的岩、土体称滑坡床；平面上滑坡体与周围稳定不动的岩、土体的分界线称滑坡周界。

　　滑坡壁：滑坡体后缘与不滑动岩体断开处形成高数十厘米至数十米的陡壁称滑坡壁，平面上呈弧形，是滑动面上部在地表露出的部分。

　　滑坡台阶：滑坡体各部分下滑速度差异或滑体沿不同滑面多次滑动，在滑坡上部形成阶梯状台面称滑坡台阶。

　　滑坡舌：滑坡体前缘伸出部分如舌状称滑坡舌。由于受滑床摩擦阻滞，舌部往往隆起形成滑坡鼓丘。

　　滑坡裂隙：在滑坡体及其周界附近有各种裂隙：滑坡后缘一系列与滑坡壁平行的弧形张拉裂隙，沿滑坡壁向下的张裂隙最深、最长、最宽，称主裂隙；滑坡体两侧周界生成与周界线斜交的剪切裂隙；滑坡体前缘鼓丘上形成与滑动力方向垂育的张拉裂隙；滑舌处形成与舌前缘垂直的扇形扩散张拉裂隙。

5.1.2　滑坡的形成条件及影响因素

1. 滑坡的形成条件

　　（1）滑动面为平面形时。当斜坡岩土体沿平面 AB 滑动时，其力系如图 5-2 所示。斜坡的平衡条件为由岩土体重力 G 所产生的侧向滑动分力 T 等于或小于滑动面的抗滑阻力 F。通常以稳定系数 K 表示这两力之比，即 $K=$总抗滑力/总下滑力$=F/T$。若 $K<1$，斜坡平衡条件将遭破坏而形成滑坡；若 $K\geq1$，斜坡处于稳定状态或极限平衡状态。

　　（2）滑动面为圆弧形时。斜坡岩土体沿圆弧面滑动时，其力系如图 5-3 所示。图中圆弧 AB 为假定的滑动圆弧面，采用划分为多个单元格，然后叠加计算即可。图中圆弧 AB 为假定的滑动圆弧面，其相应的滑动中心为 O 点，R 为滑动圆弧半径。过滑动圆心 O 做一铅直线 OO'，将滑体分为两部分：在 OO' 线右侧部分为"滑动部分"，其重心为 O_1，重力为 G_1，它使斜坡岩土体具有向下滑动的趋势，对 O 点的滑动力矩为 G_1d_1；在 OO' 线左侧部分为"随动部分"，

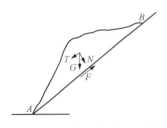

图 5-2　平面滑动的平衡示意图

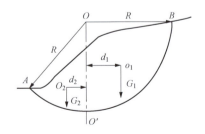

图 5-3　圆弧滑动的平衡示意图

起着阻止斜坡滑动的作用，具有与滑动力矩方向相反的抗滑力矩 $G_2 d_2$。因此，其平衡条件为滑动部分对 O 点的滑动力矩 $G_1 d_1$，等于或小于随动部分对 O 点的抗滑力矩 $G_2 d_2$ 与滑动面上的抗滑力矩 $\tau \cdot AB \cdot R$ 之和，即

$$G_1 d_1 \leqslant G_2 d_2 + \tau \cdot AB \cdot R$$

式中　τ——滑动面上的抗剪强度，假设同一类型土为一个常数。

由上述力学分析得出结论：滑坡形成条件：①必须形成一个贯通的滑动面；②总下滑力（矩）大于总抗滑力（矩）。

2. 影响滑坡形成和发展的因素

从上述分析可以看出，斜坡平衡条件的破坏与否，即滑坡发生与否，取决于下滑力（矩）与抗滑力（矩）的对比关系。而斜坡的外形基本上决定了斜坡内部的应力状态（剪切力大小及其分布），组成斜坡的岩土性质和结构决定了斜坡各部分抗剪强度的大小。当斜坡内部的剪切力大于岩土的抗剪强度时，斜坡将发生剪切破坏而滑动，自动地调整其外形来与之相适应。因此，凡是引起改变斜坡外形和使岩土性质恶化的所有因素，都将是影响滑坡形成的因素，这些因素概括起来主要有以下几个方面：

（1）地形地貌条件。斜坡的高度和坡度与斜坡稳定性有密切关系。通常，开挖的边坡越高、越陡，稳定性越差。力学分析表明，开挖边坡在坡顶出现拉应力，在坡脚出现剪应力集中，边坡越高、越陡，拉应力区域和剪应力集中程度越大。

（2）地层岩性。坚硬完整岩体构成的斜坡，一般不易发生滑坡，只有当这些岩体中含有向坡外倾斜的软弱夹层、软弱结构面，且倾角小于坡面，能够形成贯通滑动面时，才能形成滑坡。各种易于亲水软化的土层和一些软质岩层组成的斜坡，则容易发生滑坡。容易产生滑坡的土层有胀缩性黏土、黄土和黄土类土以及黏性的山坡堆积等。它们有的与水作用容易膨胀和软化；有的结构疏松，透水性好，遇水容易崩解，强度和稳定性极易受到破坏。容易产生滑坡的软质岩层有页岩、泥岩、泥灰岩等遇水易软化的岩层。此外，千枚岩、片岩等在一定条件下也容易产生滑坡。

（3）地质构造。埋藏于土体或岩体中倾向与斜坡一致的层面、夹层、基岩顶面、古剥蚀面、不整合面、层间错动面、断层面、裂隙面、片理面等，一般都是抗剪强度较低的软弱面，当斜坡受力情况突然变化时，都可能成为滑坡的滑动面。如黄土滑坡的滑动面，往往就是下伏基岩面或是黄土的层面，有些黏土滑坡的滑动面是自身的裂隙面。

（4）水的作用。水是导致滑坡的重要因素，绝大多数滑坡都必须有水的参与才能发生滑动。水对滑坡的作用主要表现在以下几个方面：

1）增大岩土体质量，从而加大滑坡的下滑力。

2）软化降低滑带土的抗剪强度，主要表现为 c、φ 值的降低。

3）增大岩土体的地下水动水压力。因滑动面土为相对隔水层，地表水体补给滑体后，多以滑动面为其渗流下限，通过滑体渗流，然后在滑坡前缘地带

GB/T 32864－2016《滑坡防治工程勘查规范》

由国土资源部组织制定的《滑坡防治工程勘查规范》，获国家标准委批准发布，于 2017 年 3 月 1 日起实施。

《滑坡防治工程勘查规范》适用于滑坡防治工程的勘查，该标准规定了滑坡防治工程分级、滑坡调查、可行性论证阶段初步勘查、设计阶段详细勘查以及施工阶段补充勘查要求、主要勘查方法、物理力学试验与稳定状态分析等内容。

均质滑坡

顺层滑坡

切层滑坡

呈湿地或泉水外泄，当雨水量过大或滑体渗流不畅时，水头上涌形成地下水动水压力，除质量增大外还受水压作用，导致滑体下滑力增大。

4）冲刷作用。冲刷作用主要是水流对抗滑部分的冲刷，导致斜坡失稳或滑坡复活，这是滑坡预报分析的重要依据。

5）水的浮托作用。水的浮托作用主要是指滑坡前缘抗滑段被水淹没发生减重，削弱其抗滑能力而导致滑坡复活，在水库和洪水淹没区常发生此类滑坡。但不是所有古滑坡都会因被淹没而复活。

（5）人为因素及其他因素。人为因素主要指人类工程活动不当，包括工程设计不合理和施工方法不得当造成短期甚至十几年后发生滑坡的恶果。其他因素中主要应考虑地震、风化作用、降雨等可能引发滑坡或对滑坡的发展有影响的因素。

在公路和铁路工程的施工阶段，开挖路堑、堆土筑堤，常常导致边坡滑动。这是由于切坡不当破坏了边坡支撑，或者任意在边坡上堆填土、石方增加荷重，改变了边坡的原始平衡条件等人为因素造成的。据川黔线资料，施工前赶水至贵阳段，51 个地质不良工点滑坡只有 3 处，施工后赶贵段共有滑坡 70 处，这些滑坡绝大多数是施工期间发生的，说明人为因素对滑坡的产生有着十分重大的影响。

我国一些地区，多次地震都引起大量滑坡。如 1973 年的四川炉霍地震，沿鲜水河谷发生 133 起滑坡。地震诱发滑坡，是使边坡岩、土体结构在地震的反复振动下破坏，抗剪强度降低，沿着岩、土体中已有软弱面或新产生的软弱面发生滑坡。一般认为，强度在五至六级以上的地震就能引起滑坡。列车振动有时也能促使边坡滑动。1952 年宝天线上一列火车刚通过滑坡地区，边坡就发生了滑动。

5.1.3　滑坡的分类

自然界滑坡数量繁多，发育在各种不同的边坡上，组成的岩土体类型又不尽相同，滑动时表现出各不相同的特点。为了更好地认识和治理滑坡，对滑坡作用的各种环境和现象特征以及形成滑坡的各种因素进行概括，以便反映出各类滑坡的特征及其发生、发展的规律，从而有效地预防滑坡的发生，或在滑坡发生之后有效地治理，减少其危害。根据滑坡的不同特征和不同工程要求，可以有多种滑坡分类方法，现介绍三种常用的分类。

1. 按滑坡力学特征分类

（1）牵引式滑坡。滑体下部先失去平衡发生滑动，逐渐向上发展，使上部滑体受到牵引而跟随滑动，大多是因坡脚遭受冲刷和开挖而引起的。

（2）推动式滑坡。滑体上部局部破坏，上部滑动面局部贯通，向下挤压下部滑体，最后整个滑体滑动。多是由于滑体上部增加荷载或地表水沿张拉裂隙渗入滑体等原因所引起的。

2. 按滑动面与地质构造特征分类

（1）均质滑坡。发生在均质土体或极破碎的、强烈风化的岩体中的滑坡。

滑坡面不受岩土体中结构面控制，多为近圆弧形滑面。

（2）顺层滑坡。沿岩层面或软弱结构面形成滑面的滑坡，多发生在岩体层面与边坡面倾向接近，而岩层面倾角小于边坡坡度的情况下。

（3）切层滑坡。滑动面切过岩层面的滑坡，多发生在沿倾向坡外的一组或两组节理面形成贯通滑动面的滑坡。

3. 根据滑坡体的主要物质组成分类

（1）堆积层滑坡。发生在各种松散堆积层中的滑坡称堆积层滑坡。堆积层滑坡是公路工程中经常碰到的一种滑坡类型，多出现在河谷缓坡地带或山麓的坡积、堆积及其他重力堆积层中。它的产生往往与地表水和地下水直接参与有关。滑坡体一般多沿下伏的基岩顶面，不同地质年代或不同成因的堆积物的接触面，以及堆积层本身的松散层面滑动。滑坡体厚度一般从几米到几十米。

（2）黄土滑坡。发生在不同时期的黄土层中的滑坡称为黄土滑坡。它的产生常与裂隙及黄土对水的不稳定性有关，多见于河谷两岸高阶地的前缘斜坡上，常成群出现，且大多为中、深层滑坡。其中有些滑坡的滑动速度很快，变形急剧，破坏力强，是属于崩塌性的滑坡。

（3）黏土滑坡。发生在均质或非均质黏土层中的滑坡称为黏土滑坡。黏土滑坡的滑动面呈圆弧形，滑动带呈软塑状。黏土的干湿效应明显，干缩时多张裂，遇水作用后呈软塑或流动状态，抗剪强度急剧降低，所以黏土滑坡多发生在久雨或受水作用后，多属中、浅层滑坡。

（4）岩层滑坡。发生在各种基岩岩层中的滑坡属岩层滑坡。它多沿岩层层面或其他构造软弱面滑动。岩层滑坡多发生在由砂岩、页岩、泥岩、泥灰岩以及片理化岩层（千枚岩、片岩等）组成的斜坡上。

此外，滑坡按滑坡体规模的大小，可分为小型滑坡（滑坡体小于 $30000m^3$）、中型滑坡（滑坡体介于 $3～5×10^5m^3$）、大型滑坡（滑坡体介于 $0.5～3×10^6m^3$）、巨型滑坡（滑坡体大于 $3×10^6m^3$）；按滑坡体的厚度大小分浅层滑坡（滑坡体厚度小于 6m）、中层滑坡（滑坡体厚度为 6～20m）、深层滑坡（滑坡体厚度大于 20m）。

5.1.4　滑坡的防治

1. 滑坡的防治原则

滑坡的防治原则应当是以防为主、整治为辅；查明影响因素，采取综合整治；一次根治，不留后患。在工程位置选择阶段，尽量避开可能发生滑坡的区域，特别是大型、巨型滑坡区域；在工程场地勘测设计阶段，必须进行详细的工程地质勘测，对可能产生的新滑坡，采取正确、合理的工程设计，避免新滑坡的产生；对已有的老滑坡要防止其复活；对正在发展的滑坡进行综合整治。

（1）整治大型滑坡，技术复杂、工程量大、时间较长，因此在勘测阶段对于可以绕避且属经济合理的，首先应考虑路线绕避的方案。在必须于滑坡附近通过时，应按先后缘、前缘，后中间的顺序进行。因后缘安全性大，整治工程小，前缘则应选在缓坡滑面段上通过，不得已再从中部通过。在已建成的路线

黄土养育华夏儿女，培育独特的农耕文明

黄土指的是在干燥气候条件下形成的多孔性具有柱状节理的黄色粉性土，湿陷性黄土受水浸湿后会产生较大的沉陷。黄土是优质的土壤。它不仅具备土壤腐殖层、淋溶层、淀积层三层的分层特征，还有其他土壤所不具备的独特品质。

黄土是一种很肥沃的土层，对农业生产极为重要，植被稀少，水土流失，给农业生产和工程建设造成严重的危害，需要科学治理。

地表排水系统

直立式挡土墙：

直立式挡土墙是依靠墙体自重抵抗土压力的一种挡土墙形式，其自身截面较大，一般由块石与砂浆砌筑而成。因为能够就地取材而且结构形式简单、施工技术比较成熟等优点，直立式挡土墙在土建工程中通常被广泛采用。当然由于挡土墙的开挖土方和自身体积都较大，其施工周期也会比较长。当挡土高度不超过 6m、地质情况良好、周围没有相邻的构建筑物时，适合采用直立式挡土墙。

上发生的大型滑坡，如改线绕避将会废弃很多工程，应综合各方面的情况，作出绕避、整治两个方案比较。对大型复杂的滑坡，常采用多项工程综合治理，应作整治规划，工程安排要有主次缓急，并观察效果和变化，随时修正整治措施。

（2）对于中型或小型滑坡连续地段，一般情况下路线可不绕避，但应注意调整路线平面位置，以求得工程量小、施工方便、经济合理的路线方案。

（3）路线通过滑坡地区，要慎重对待，对发展中的滑坡要进行整治，对古滑坡要防止复活，对可能发生滑坡的地段要防止其发生和发展。对变形严重、移动速度快、危害性大的滑坡或崩塌性滑坡，宜采取立即见效的措施，以防止其进一步恶化。

（4）整治滑坡一般应先做好临时排水工程，然后再针对滑坡形成的主要因素，采取相应措施。

2. 滑坡的防治措施

防治滑坡的工程措施，大致可分为排水、力学平衡及改善滑动面（带）土石性质三类。目前常用的主要工程措施有地表排水、地下排水、减重及支挡工程等。选择防治措施，必须针对滑坡的成因、性质及其发展变化的具体情况而定。

（1）排水。排水措施的目的在于减少水体进入滑体内和疏干滑体中的水，以减小滑坡下滑力。

1）排除地表水：对滑坡体外地表水要截流旁引，不使它流入滑坡内。最常用的措施是在滑坡体外部斜坡上修筑截流排水沟，当滑体上方斜坡较高、汇水面积较大时，这种截水沟可能需要平行设置两条或三条。对滑坡体内的地表水，要防止它渗入滑坡体内，尽快把地表水用排水明沟汇集起来引出滑坡体外。应尽量利用滑体地表自然沟谷修筑树枝状排水明沟，或与截水沟相连形成地表排水系统。

2）排除地下水：滑坡体内地下水多来自滑体外，一般可采用截水盲沟引流疏干。对于滑体内浅层地下水，常用兼有排水和支撑双重作用的支撑盲沟截排地下水。支撑盲沟的位置多平行于滑动方向，一般设在地下水出露处，平面上呈 Y 形或 I 形。盲沟（也称渗沟）的迎水面作成可渗透层，背水面为阻水层，以防盲沟内集水再渗入滑体；沟顶铺设隔渗层，如图 5-4、图 5-5 所示。

截水沟构造

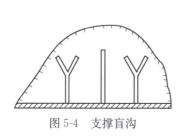

图 5-4　支撑盲沟

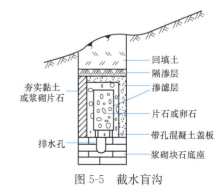

图 5-5　截水盲沟

　　（2）力学平衡法。此方法是在滑坡体下部修筑抗滑石垛、抗滑挡土墙、抗滑桩、锚索抗滑桩和抗滑桩板墙等支挡建筑物，以增加滑坡下部的抗滑力。另外，可采取刷方减载的措施以减小滑坡滑动力等。

　　1）修建支挡工程。支挡工程的作用主要是增加抗滑力，使滑坡不再滑动。常用的支挡工程有挡土墙、抗滑桩和锚固工程。挡土墙应用广泛，属于重型支挡工程。采用挡土墙必须计算出滑坡滑动推力、查明滑动面位置，挡土墙基础必须设置在滑动面以下一定深度的稳定岩层上，墙后设排水沟，以消除对挡土墙的水压力（见图5-6）。

　　2）抗滑桩（见图5-7）是近20多年来逐渐发展起来的抗滑工程，已广为采用。桩材料多为钢筋混凝土，桩横断面可为方形、矩形或圆形，桩下部深入滑面以下的长度应不小于全桩长的1/4～1/3。平面上多沿垂直滑动方向成排布置，一般沿滑体前缘或中下部布置单排或两排。桩的排数、每排根数、每根长度、断面尺寸等均应视具体滑坡情况而定。已修成的较大滑坡抗滑桩实例为三排共50多根，最长的单根桩约50m，断面4m×6m。

　　3）锚固工程（见图5-8）也是近20年发展起来的新型抗滑加固工程，包括锚杆加固和锚索加固。通过对锚杆或锚索预加应力，增大了垂直滑动面的法向压应力，从而增加滑动面的抗剪强度，阻止了滑坡发生。

挡土墙知识复习：

　　根据其刚度及位移方式不同，可分为刚性挡土墙、柔性挡土墙和临时支撑三类。

　　根据挡土墙的设置位置不同，分为路肩墙、路堤墙、路堑墙和山坡墙等。设置于路堤边坡的挡土墙称为路堤墙；墙顶位于路肩的挡土墙称为路肩墙；设置于路堑边坡的挡土墙称为路堑墙；设置于山坡上，支承山坡上可能坍塌的覆盖层土体或破碎岩层的挡土墙称为山坡墙。

　　根据受力方式，分为仰斜式挡土墙和承重式挡土墙。

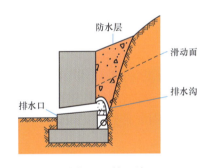

图5-6　挡土墙

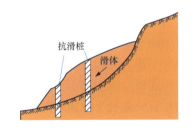

图5-7　抗滑桩

　　这种措施施工方便、技术简单，在滑坡防治中广泛采用。主要做法是将滑体上部岩、土体清除，降低下滑力；清除的岩、土体可堆筑在坡脚，起反压抗滑作用。

　　（3）改善滑动面或滑动带的岩土性质。改善滑动面或滑动带岩土性质的目的是增加滑动面的抗剪强度，达到整治滑坡要求。灌浆法是把水泥砂浆或化学浆液注入滑动带附近的岩土中，凝固、胶结作用使岩土体抗剪强度提高；电渗法是在饱和土层中通入直流电，利用电渗透原理，疏干土体，提高土体强度；焙烧法是

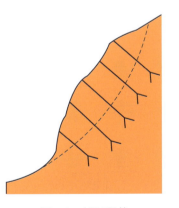

图5-8　锚固滑体

用导洞在坡脚焙烧滑带土，使土变得像砖一样坚硬。改善滑带岩土性质的方法

滑坡和崩塌的区别：

　　滑坡和崩塌常常相伴而生，产生于相同的地质构造环境中和相同的地层岩性构造条件下，且有着相同的触发因素，容易产生滑坡的地带也是崩塌的易发区。崩塌、滑坡在一定条件下可互相诱发、互相转化。

在我国应用尚不广泛。

5.2　危岩和崩塌

5.2.1　危岩

　　危岩是指高陡斜坡产生了拉裂、松动变形并随时可能发生破坏，向坡下运动的岩体。危岩的防治从四个方面考虑，即清除危岩、加固危岩、拦截危岩、遮挡建筑物。

1. 清除危岩

　　（1）人工削方清除。若危岩松动带为强风化岩层，岩体破碎，无大岩块，可采用人工削方清除。从上向下清除，清完后的斜坡面最好呈台阶状，以利稳定。

　　（2）爆破碎裂清除。若危岩前方无房屋和其他地面易损建筑，岩体坚硬、块体大，可采用此法清除。从危岩带上缘开始，按设计打炮孔，用炸药逐层清除。尽量用小爆破，控制药量，尤其注意施工人员和环境的安全。

　　（3）膨胀碎裂清除。若危岩带前方有房屋和其他地面易损设施，可用此法清除。具体做法：在危岩带上缘，垂直或微斜向下打若干炮孔，在孔中装约2/3孔深的静态膨胀炸药，上部1/3孔深用纯黏土填实密封。膨胀炸药吸湿后剧烈膨胀，使岩体碎裂，然后人工将碎裂的石块清除至指定位置。如此一层一层的剥下去，使清除的新鲜斜坡面呈阶梯形。此法施工简单、安全，对环境无明显影响，但投资略高于上述方法。

2. 加固危岩

　　对不能清除的危岩、悬空的危岩、孤石、危岩群（带），常用措施：（配合排水沟）支顶、支撑、嵌补、锚杆串联、托梁、捆扎、钢绳网防护。

　　（1）支顶。对上部探头下部悬空的危岩，若有条件设基础时，可在其下设置浆砌片石或混凝土支顶墙加固，如图5-9所示。

　　（2）支撑。若山坡陡峻，无法用浆砌片石支顶，又不宜采用刷方清除，且危岩较坚硬、完整、节理较少，可采用钢筋混凝土柱或钢轨支撑，如图5-10所示。

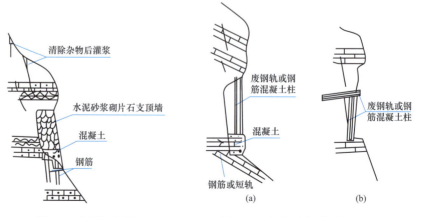

图 5-9　支顶墙加固　　　　　图 5-10　钢轨或钢筋混凝土柱支撑

（3）嵌补。斜坡岩层被节理切割，沿节理易发生局部坍塌，在斜坡上形成深浅不同的凹陷，较深的凹陷上部突出的岩块日久可能变成危岩，或者因风化剥蚀形成凹陷可能导致上方岩体构成危岩。

（4）锚杆整体加固。一般锚固深度为危岩深度的 1/2。

（5）托梁加固。危岩下部的基岩高陡，无条件设置支撑且不宜清除时，可在其下设置托梁，将危岩承托住。

3. 拦截危岩

（1）落石平台。当被防治的路基，距有崩落物的山坡坡脚有适当距离，且路基高程与坡脚下的平缓地带高程相差不大（不超过 2～2.5m）时，宜修筑落石平台；当落石平台与路面基高程大致相同或略高时，宜在路基倒沟外侧加修拦石墙。当落石平台高程低于路面高程时，宜在路基边缘修筑挡土墙，以拦挡落石，保护路基。平台宽度 b 和拦石墙外露高度 h，通过现场调查、试验确定。

（2）落石槽。若路基面距有崩落物的坡脚有适当的距离，且路面高程比坡脚平缓地带高出较多（大于 2.5m）时，则宜利用地形修筑落石槽，并在其迎石边坡采用单层砌石防护。若路基与崩落物的山坡之间有缓坡（坡角≤30°）带时，则宜在缓坡上高出路基高程不超过 20～30m 处修筑落石槽，若崩落物冲击力较大时，则落石槽外侧应配合设置拦石墙，如图 5-11 所示。

边坡嵌补处理

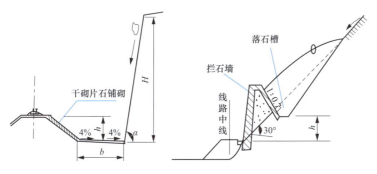

图 5-11　落石槽

（3）拦石墙。为减少落石弹跳高度，拦石墙背部设置的缓冲层边坡宜尽可能陡些，一般 1∶0.75，坡面宜用片石等铺砌加固。当落石速度较大（大于 20m/s），可将缓冲层边坡顶部一段，采用混凝土板块，设计成垂直坡度，则效果更为理想。拦石墙的截面尺寸，按挡土墙计算决定。墙背按静力荷载和冲击荷载作用两种情况进行验算。

（4）拦石堤。通常用当地"土"作成梯形断面的堤坝。

（5）拦石网。我国常用废钢轨作支柱，以铁丝网拦截，但往往容易被打烂。现在有一种 SNS 防护网，该材料采用先进的柔软防护技术，设计、施工、使用、维修都很方便。

托梁加固

4. 遮挡建筑物

在中小型崩塌地段，若围岩发生次频繁，产生的体量大，采用一般的拦截措施有困难时，主要采用明洞来遮挡建筑物。

明洞是用明法开挖修筑构筑物，然后在其上用土石覆盖，是隧道的延长部分。洞顶覆盖层较薄，难以用暗挖法建隧道。在隧道洞口或路堑地段受坍方、落石、泥石流、雪害等危害时，道路之间或道路与铁路之间形成立体交叉，但又不宜做立交桥时，通常应设置明洞。明洞主要分为两大类，即拱式明洞和棚式明洞。

5.2.2 崩塌

崩塌产生的条件

崩塌是指陡坡上的岩体或土体在重力作用下，突然向下崩落的现象。它具有速度快，发生猛烈，运动不沿固定的面或带发生，在运动后，其原来的整体性遭到完全破坏，垂直位移大于水平位移的特点。

1. 崩塌的形成条件

（1）形成崩塌的地形地貌条件。崩塌、落石多发生在海、湖、河、冲沟岸坡、高陡的山坡和人工斜坡上，地形坡度通常大于45°，峡谷陡坡常是发生崩塌落石的地段，河曲凹岸是崩塌落石集中的地点，山区冲沟岸坡、山坡陡崖也易产生崩塌，丘陵或分水岭地区是崩塌落石较少发生的地带。

（2）产生崩塌落石的地层岩性条件。花岗岩、灰岩、砾岩、砂岩、辉长岩和辉绿岩都属于块状的或厚层状的、坚硬的或较坚硬的脆性岩石。可构成较陡峻的边坡，且其构造节理较发育，利于崩塌落石发生。

（3）产生崩塌的地质构造条件。当建筑物的延伸方向和区域性断裂构造线平行，而且采用大挖方的深路堑方案时，沿线的崩塌落石严重，分布普遍。在几组断裂线交汇的峡谷区，往往形成大型崩塌，断层密集分布区岩层破碎，深路堑区段崩塌落石发生，褶皱两翼易产生崩塌。

（4）其他影响条件。

1）降雨和地下水对崩塌的影响。大规模的崩塌多发生在暴雨或久雨之后。这是因为斜坡上的地下水多数能直接得到大气降水的补给，使其流量大大增加，在这种情况下，地下水和雨水联合作用，使斜坡上的潜在崩塌体更易于失稳。其作用主要是：充满裂隙中的水及其流动对潜在崩落体产生静水压力和动水压力；裂隙充填物在水的浸泡下抗剪强度大大降低；充满裂隙的水对潜在崩落体产生向上的浮托力；不稳定岩体两侧裂隙中的水降低了它和稳定岩体之间的摩擦力。

2）地震对崩塌的影响。由于地震时地壳的强烈振动，斜坡岩体突然承受巨大的惯性荷载，使其各种结构面的强度降低，同时，因为水平地震力的作用，斜坡岩体的稳定性也大大降低，从而导致崩塌，因此大规模的崩塌往往发生在强震之后。

崩塌的剖面

3）风化作用对崩塌的影响。斜坡上的岩体在各种风化应力的长期作用下，其强度和稳定性不断降低，最后导致崩塌。风化作用对崩塌的影响主要表现在以下几个方面：在斜坡坡度、高度等条件相同时，岩石的风化程度越高，岩体就越破碎，发生崩塌的可能性越大。斜坡上不同岩体的差异风化，使岩体局部悬空，可能导致崩塌。陡坡上有倾向临空面的结构面，当其发生泥化作用或被风化物充填时，将促进不稳定岩体崩塌；高陡的人工边坡如果切割了原山坡的风化壳，可能引起风化壳沿完整岩体表面发生崩塌。

2. 崩塌的防治措施

为确保交通安全，对线路通过崩塌地区必须采取各种工程措施，防止崩塌的发生，或使崩落物不危及线路。提出具体措施前，对崩塌的形成条件应作详细的调查，了解崩塌发生的原因，针对问题采取相应的措施，常用的工程措施有：清除危岩与排水、镶补与支护、拦挡和绕避。

（1）清除危岩、排水。清除边坡上可能发生坠落的危岩和行将失稳的孤石以及严重风化、丧失强度的岩体，防患于未然；在有崩塌险情的岩体上方修筑截水沟，防止地表水渗入，清除崩塌的触发因素。

（2）镶补与支护。对岩体中张开的节理、裂隙，为防止其扩展，加速岩体崩塌，可以用片石填塞，水泥砂浆镶补、勾缝。对于突出在悬崖外的"探头石"或底部失去支撑的危石，用废钢轨或浆砌片石垛支撑（见图 5-12）；在边坡较高、坡面陡立的地段采用支护墙，既防岩石风化又起支撑作用（见图 5-13）。

（3）拦挡。规模较小的崩塌，落石经常砸坏钢轨，掩埋线路，可在山坡上或路基旁设拦石墙（见图 5-14）；对于规模较大，频繁发生的崩塌，可以修建明洞、棚洞等遮挡建筑（见图 5-15）。

（4）绕避。对于规模巨大，工程上难以处理的大型崩塌地段，为确保线路运营安全，应予绕避。例如成昆线原猴子岩隧道进口前地段，玄武岩沿柱状节理形成大崩塌，因治理困难，将线路内移以隧道通过。

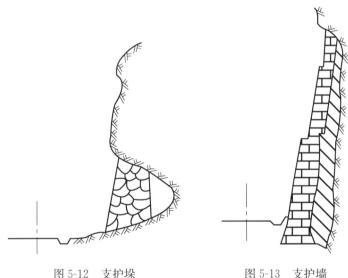

图 5-12　支护垛　　　　　图 5-13　支护墙

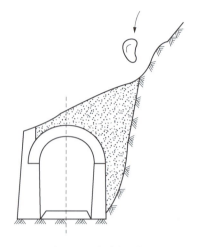

图 5-14   拦石墙   图 5-15   防崩塌明洞

5.3 泥　石　流

5.3.1 泥石流及其分布

泥石流是山区常见的一种自然灾害现象。它是一种含有大量泥砂、石块等固体物质，突然暴发的、具有很大破坏力的特殊洪流。通常在暴风雨或积雪迅速融化时爆发。暴发时大地震动，山谷雷鸣，浑浊的泥石流体，仗着陡峻的山势，沿着深涧的峡谷，短时间内以很高的流速冲出山外，至沟口平缓地段堆积下来。

泥石流暴发时，短时间内从沟里冲出数以十万至百万立方米的泥砂石块，来势凶猛，破坏力强，能摧毁村镇，掩埋农田、道路、桥梁，甚至堵塞江、河形成湖泊，给山区人民带来严重危害，也是山区公路和铁路的主要病害之一。

泥石流主要分布在半干旱和温带山区，以北回归线至北纬 50°间山区最活跃，如阿尔卑斯山-喜马拉雅山系，其次是拉丁美洲、大洋洲和非洲某些山区，法国、奥地利、瑞士、意大利等国和中亚地区都是泥石流频繁活动的地区。

我国地域辽阔，山区面积达 70％，是世界上泥石流最发育的国家之一。我国泥石流主要分布在西南、西北和华北山区。如云南东川地区，金沙江中、下游沿岸和四川西昌地区都是泥石流分布集中、活动频繁的地区。甘肃东南部山区、秦岭山区、黄土高原也是泥石流泛滥成灾的地区。据初步统计，甘肃全省 82 个县（市），有 40 多个县内有泥石流发育，分布范围约 7 万 km²，占全省面积的 15％。另外，华东、中南部分山地以及东北的辽西山地，长白山区也有零星分布。

我国山区铁路中，除台湾地区外，已发现 1000 余条泥石流沟主要分布西南、西北铁路各线，其中成昆沿线分布数量最多，1981 年 7 月 9 日成昆线利子依达沟暴发泥石流，流速高达 13.2m/s，冲毁两跨桥梁，2 号桥墩被剪断，442 次列车遇难，是我国铁路史上最大的泥石流灾害。

5.3.2　泥石流的形成条件

含有大量固体物质是泥石流与一般山洪急流不同之处。泥石流的形成必须具有一定的条件，丰富的松散固体物质、足够的突然性水源和陡峻的地形是三个基本条件。有时人为因素对某些泥石流的发生也有不容忽视的影响。

1. 松散的固体物质

泥石流活动频繁，分布集中的地区，都是地质构造复杂，断裂褶皱发育，新构造运动强烈的地区。地表岩层破碎、崩塌、滑坡等不良地质现象屡见不鲜，为泥石流准备了丰富的固体物质来源。如云南东川地区的泥石流沟群，主要是沿着小江深大断裂带发育的，西昌安宁河谷地堑式断裂带集中分布着30多个泥石流，成昆铁路南段有三分之二的泥石流位于元谋-绿汁江深大断裂带附近。甘肃武都地区的泥石流与白龙江断裂褶皱带有关。

新构造运动和地震是近代地壳活动的表现，强烈地震使岩层破裂，山体丧失稳定，引起崩塌、滑坡，使泥石流更为活跃，1850年西昌发生7.5级强地震，安宁河中段泥石流频频发生。东川泥石流，在历史上于1733、1833年两次强地震后，将泥石流的发生、发展引入到活动高潮期。1966年强震，又一次促使泥石流活动加剧。地震活动还直接为泥石流提供固体物质。东川老干沟泥石流，1963年固体物质储量只有40万 m^3，经1966年大地震后，至1977年增加到1450万 m^3。

新构造运动可引起泥石流沟床纵坡的相应变化，从而起到加速或抑制泥石流活动的作用。在新构造运动强烈的地区，由于山体急剧上升，各地相应地强烈下切，造成河谷相对高差越来越大，山大沟深，谷地两侧支沟短小，纵坡急陡，这种地形对泥石流的发展是十分有利的。泥石流的固体物质多少某种程度上与该泥石流流域不良地质现象的发育程度与规模有关。

地层岩性不同，为泥石流提供的固体物质成分不同，泥石流的流态性质与所供给的固体物质成分有关。如果泥石流地区分布的岩层是大量容易风化的含黏土和粉土的岩层，如页岩、泥岩、板岩、千枚岩及黄土，形成的泥石流多为黏性的。如果泥石流区的岩层是含黏土、粉土细粒物质少的，如石灰岩、玄武岩、大理岩、石英岩和砾岩，则形成的泥石流多为稀性的或者是水石流。

2. 水源条件

水是泥石流的组成部分和搬运介质，是促发泥石流的必要条件。由于自然地理环境和气候条件不同，泥石流的水源有暴雨、冰雪融化水、水库溃决等形式。我国广大山地形成泥石流的主要水源是暴雨。在季风影响下，我国大部分地区降雨量集中在5～9月的雨季，雨季降雨量占年降雨量的60%以上，有的地区达90%以上。突发性的暴雨为泥石流的形成提供了动力条件。此外，高寒山区、冰川积雪的强烈消融也能为泥石流提供大量水源。如西藏南部山区的泥石流为春季积雪融化引起的。

3. 地形条件

泥石流流域的地形条件要求有利于水的汇聚和赋予泥石流巨大的动能。为

边坡和滑坡的区别

边坡发生变形或产生变形趋势时所依附的"面、带"，可以为均质或类均质土体中的最大剪应力面。滑坡的变形往往依附特定或固定的滑面或滑带。在一个复杂滑坡中，这种滑面可能是多个存在的，即可能不同深度、不同前后位置的滑面。这些滑面的稳定性可能是各不相同的，需要逐个进行稳定性评价或工程治理。

边坡变形的规模一般情况相对较小，工程上一般会将变形体积小于0.3万 m^3 的斜坡变形归入边坡病害。滑坡的变形规模一般情况下相对较大，往往造成大的地貌单元发生改变。

此，沟上游应有一个面积很大、坡度很陡便于流水汇聚的汇水区，此区域多为三面环山，一面出口的瓢形围谷地形。山坡坡度多为 30°～60°，坡面植被稀少，岩层风化强烈，山坡上储存大量固体物质，有利于集中水流。中游多为狭窄而幽深的峡谷，谷壁陡峻，坡度约 20°～40°，沟床狭窄，坡降很大，来自上游广大汇水面积内汇集起来的泥石流以很高的速度向下游奔泻。泥石流沟的下游，一般位于山口以外的大河谷地两侧，地形开阔、平坦，是泥石流停积的场所。典型的泥石流沟从上游到下游可以划分为三个区段。

（1）形成区：一般分布在泥石流沟的上游或中游。它又分为汇水动力区及固体物质供给区两部分，汇水区是承受暴雨或冰雪融化水的场所，也是供给泥石流充分水源的地方，固体物质供给区是为泥石流储备与提供大量泥砂石块等松散固体物质的地段，山体裸露，风化严重，分布着大面积的崩塌、滑坡等不良地质现象，水土流失现象十分严重。

（2）流通区：位于泥石流沟的中、下游地段，泥石流在重力和水动力作用下，沿着陡峻峡谷前阻后拥，穿狭而过。

（3）沉积区：位于沟的下游，一般都在山口以外，地形开阔，泥石流在此扩散、停积，形成扇形或锥形地形。

上述条件概括起来为：①陡峻，便于集水、集物的地形；②有丰富的松散物质；③短时间内有大量水的来源，此三者缺一不可。

典型的泥石流沟分区

5.3.3 泥石流的分类

1. 按流域形态分类

（1）标准型泥石流。流域呈扇形，面积较大（十几～几十平方公里），能明显划分出形成区、流通区和堆积区。

（2）河谷型泥石流。流域狭长条型，形成区多为河流上游的沟谷，固体物质来源于沟谷中分散的坍塌体，沟谷中常年有水，水源较丰富，流通区和堆积区往往不能明显分开，在流通区内既有冲刷，又有堆积。

（3）山坡型泥石流。流域呈斗状，面积较小（一般小于 1km²），无明显流通区，形成区与堆积区直接相连。

2. 按泥石流的流体性质分类

（1）黏性：含大量细粒黏土物质，固体物含量占 40%～60%，最高可达 80%，黏性很大，重度大，$r_c \geq 1.6\text{t/m}^3$。它是水和泥砂、石块混合成一个黏稠的整体，以相同的速度作整体运动，大石块能漂浮在表面而不下沉，运动中能保持原来的宽度和高度不散流，停积后保持原来的结构不变。黏性泥石流有明显的阵流现象，一次泥石流过程中能出现几次或十几次阵流。阵流的前锋称为"龙头"，由大石块组成，可形成几米至十几米高的"石浪"。流经弯道时，有明显的外侧超高和爬高现象及截弯取直现象。

（2）稀性：细粒物质少，固体物含量占 10%～40%，水量大，不能形成黏稠整体，重度小，$\gamma_c < 1.6\text{t/m}^3$。稀性泥石流以水为搬运介质，水与泥砂组成的泥浆速度远远大于石块运动的速度，石块在沟底呈滚动式搬运，有一定的分

选性，流入开阔地段时发生散流，岔道交错，改道频繁，不易形成阵流现象。

3. 泥石流的工程分类和特征

泥石流的工程分类和特征见表 5-1。

表 5-1   泥石流的工程分类和特征

类别	泥石流特征	流域特征	亚类	严重程度	流域面积（km²）	固体物质一次冲出量（×10⁴m³）	流量（m³/s）	堆积区面积（km²）
Ⅰ 高频率泥石流沟谷	基本上每年均有泥石流发生。固体物质主要来源于沟谷的滑坡、崩塌。暴雨强，但小于 2～4mm/10min。除岩性因素外，滑坡、崩塌严重的沟谷多发生黏性泥石流，规模大，反之多发生稀性泥石流，规模小	多位于强烈抬升区，岩层破碎，风化强烈，山体稳定性差。泥石流堆积新鲜，无植被或仅有稀疏草丛。黏性泥石流沟中下游沟床坡度大于4%	Ⅰ₁	严重	>5	>5	>100	>1
			Ⅰ₂	中等	1～5	1～5	30～100	<1
			Ⅰ₃	轻微	<1	<1	<30	—
Ⅱ 低频率泥石流沟谷	暴发周期一般在 10 年以上。固体物质主要来源于沟床，泥石流发生时"揭床"现象明显。暴雨时坡面产生的浅层滑坡往往是激发泥石流形成的重要因素。暴雨强，一般大于 4mm/10min。规模一般较大，性质有黏有稀	山体稳定性相对较好，无大型活动性滑坡、崩塌。沟床和扇形地上巨砾遍布。植被较好，沟床内灌木丛密布，扇形地多已辟为农田。黏性泥石流沟中下游沟床坡度小于4%	Ⅱ₁	严重	>10	>5	>100	>1
			Ⅱ₂	中等	1～10	1～5	30～100	<1
			Ⅱ₃	轻微	<1	<1	<30	—

注 1. 表中流量对高频率泥石流沟指百年一遇流量；对低频率泥石流沟指历史最大流量；
　　　2. 泥石流的工程分类宜采用野外特征与定量指标相结合的原则，定量指标满足其中一项即可。

5.3.4 泥石流的防治

防治泥石流的目的是控制泥石流的发生，减少危害程度，主要的工程措施有以下三类。

1. 水土保持

泥石流是一种极度严重的水土流失现象，开展水土保持工作是防治泥石流的根本。主要工作有：封山育林、植树造林、整平山坡、修筑梯田；修筑排水系统及支挡工程等。水土保持工作需长时间见效，往往与其他措施配合使用。

著名人物安例

崔鹏，男，汉族，中国科学院院士，中国科学院水利部成都山地灾害与环境研究所研究员。1957 年 8 月出生于陕西省西安市。在减灾原理与方法研究中，建立基于起动机理的泥石流预测预报原理和方法；提出泥石流过程调控的灾害防治原理和方法。

2. 拦挡

流通区防治以拦渣坝为主。在流通区泥石流已经形成，一般采用多道拦渣坝的形式，将泥石流物质拦截在沟中，使其不能到达下游或沟口建筑物场地。常见的拦渣坝有重力式挡墙和格栅坝两种，如图 5-16 和图 5-17 所示。重力式挡墙抗冲击能力强，一般间隔不远，使墙内拦挡物质能够停积到上游墙体下部，起到防冲护基作用。挡墙的数量和高度，以能全部拦截或大部分拦截泥石流物质为准，以减轻泥石流对下游建筑物的危害。格栅坝则既能截留泥石流物质，又能排走流水，已越来越多地被采用，但注意应使其具有足够的抗冲击能力。

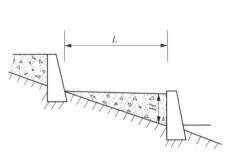

图 5-16　重力式挡墙　　　　　　　　　　　图 5-17　格栅坝

3. 排导

泥石流流出山口后，漫流改道，冲刷淤埋、破坏性极大。采用的防治措施主要是修建排导工程，使泥石流沿一定方向通畅地排泄。排导工程包括排洪道和导流堤。排洪道一般布置成直线，如因条件限制，必须改变方向时，弯道半径应比洪水渠道大。排洪道出口与大河交接处应呈锐角，便于大河带走泥石流的固体物质，排洪道口标高应高出大河水位，避免河水顶托，排洪道出口淤埋。导流堤可以把泥石流引到规定方向排泄，确保建筑物安全，导流堤必须从泥石流出口处筑起。

5.4　岩　溶　作　用

在可溶性岩石地区，地下水和地表水对可溶岩进行化学溶蚀作用、机械侵蚀作用以及与之伴生的迁移、堆积作用，总称为岩溶作用；在岩溶作用下所产生的地貌形态，称为岩溶地貌。在岩溶作用地区所产生的特殊地质、地貌和水文特征，概称为岩溶现象。岩溶即岩溶作用及其所产生的一切岩溶现象的总称。在南斯拉夫的喀斯特地区，岩溶现象十分发育并最早被人们注意和研究，故岩溶又称为"喀斯特"（Karst）。

可溶性岩石包括碳酸盐类岩石、硫酸盐类岩石和岩盐类岩石，后两种岩石地表分布范围不广。从工程建设角度看，岩溶重点应放在石灰岩、白云岩广泛分布地区。

岩溶与工程建设的关系很密切。在水利水电建设中，岩溶造成的库水渗漏是水工建设中主要的工程地质问题。在岩溶地区修建隧洞，一旦揭穿高压岩溶

厚积而薄发，坚持就能创造奇迹

桂林山水甲天下，这里的山，平地拔起，千姿百态；漓江的水，蜿蜒曲折，明洁如镜；山多有洞，洞幽景奇；洞中怪石，鬼斧神工，琳琅满目，于是形成了"山青、水秀、洞奇、石美"的"桂林四绝"。

管道水时，就会造成大量突水，有时夹有泥沙喷射，给施工带来严重困难，甚至淹没坑道，造成机毁人亡事故。在地下洞室施工中遇到巨大溶洞时，洞中高填方或桥跨施工困难，造价昂贵，有时不得不另辟新道，因而延误工期。在岩溶地区修筑公路时，由于地下岩溶水的活动，导致路基基底冒水，水淹路基、水冲路基及隧道涌水等。

在可溶性岩石分布地区，溶蚀作用在地表和地下形成了一系列溶蚀现象，称为岩溶的形态特征。这些形态既是岩溶区所特有的，使该地区地表形态奇特，景致优美别致，常被开发为旅游景点，如广西桂林山水和云南路南石林；同时，这些形态，尤其是地下洞穴、暗河，也是造成工程地质问题的根源。常见的岩溶形态如图 5-18 所示。

读书笔记：

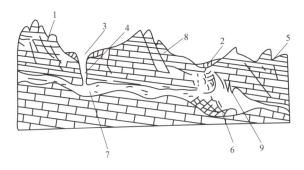

图 5-18　岩溶形态示意图

1—石芽、石林；2—塌陷洼地；3—漏斗；4—落水洞；
5—溶沟、溶槽；6—溶洞；7—暗河；8—溶蚀裂隙；9—钟乳石

5.4.1　岩溶的地貌形态

储藏和运动在可溶岩孔隙、裂隙及溶洞中的地下水为岩溶水。在可溶性岩石分布地区，溶蚀作用在地表和地下形成的一系列溶蚀现象称为岩溶的地貌形态特征。

1. 溶沟、石芽和石林

地表水沿地表岩石低洼处或沿节理溶蚀和冲刷，在可溶性岩石表面形成的沟槽称溶沟。

石芽如图 5-19 所示，石林如图 5-20 所示。

图 5-19　石芽

图 5-20　石林

2. 漏斗及落水洞

地表水顺着可溶性岩石的竖直裂隙下渗，先产生溶隙。待顶部岩石溶蚀破碎及竖直溶隙扩大，岩层顶部塌落形成近乎圆形坑。圆形坑多具向下逐渐缩小的凹底，形状酷似漏斗称为溶蚀漏斗，如图5-21所示。在漏斗底部常堆积有岩石碎屑或其他残积物。如果岩石的竖直溶隙连通大溶洞或地下暗河，溶隙可能扩大成地面水通向地下暗河或溶洞的通道称落水洞，如图5-22所示。其形态有垂直的、倾斜的或弯曲的，直径也大小不等，深度可达数百米。

图5-21　漏斗　　　　　　　　　　　　图5-22　落水洞

3. 溶蚀洼地和坡立谷

由溶蚀作用为主形成的一种封闭、半封闭洼地称溶蚀洼地。溶蚀洼地多由地面漏斗群不断扩大汇合而成，面积由数十平方米至数万平方米，如图5-23所示。坡立谷是一种大型封闭洼地，也称溶蚀盆地，如图5-24所示。面积由数平方公里至数百平方公里，进一步发展则成溶蚀平原。坡立谷谷底平坦，常有较厚的第四纪沉积物，谷周为陡峻斜坡，谷内有岩溶泉水形成的地表流水至落水洞又降至地下，故谷内常有沼泽、湿地或小型湖泊。

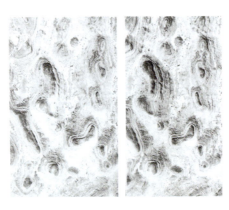

图5-23　溶蚀洼地　　　　　　　　　　图5-24　坡立谷

4. 峰丛、峰林和孤峰

此三种形态是岩溶作用极度发育的产物。溶蚀作用初期，山体上部被溶蚀，下部仍相连通称峰丛；峰丛进一步发展成分散的、仅基底岩石稍许相连的石林称峰林；耸立在溶蚀平原中孤立的个体山峰称孤峰，它是峰林进一步发展的结果，如图 5-25 所示。

图 5-25　孤峰

5. 干谷

原来的河谷，由于河水沿谷中漏斗、落水洞等通道全部流入地下，使下游河床干涸而成干谷。

6. 溶洞

地下水沿岩石裂隙溶蚀扩大而形成的各种洞穴。溶洞形态多变，洞身曲折、分岔，断面不规则。地面以下至潜水面之间，地表水垂直下渗，溶洞以竖向形态为主；在潜水面附近，地下水多水平运动，溶洞多为水平方向迂回曲折延伸的洞穴。地下水中多含碳酸盐，在溶洞顶部和底部饱和沉淀而成石钟乳、石笋和石柱。规模较大的溶洞，长达数十公里，洞内宽处如大厅，窄处似长廊，如图 5-26 所示。水平溶洞有的不止一层，例如轿顶山隧道揭穿的溶洞共有上、下 4 层，溶洞长 80m，宽 50～60m，高 20～30m。

岩溶水分布

图 5-26　溶洞

暗河

7. 暗河

岩溶地区地下沿水平溶洞流动的河流称暗河。溶洞和暗河对各种工程建筑物特别是地下工程建筑物造成较大危害，应予特别重视。

5.4.2　岩溶的形成条件和发育规律

1. 岩溶的形成条件

（1）岩石的可溶性。可溶性岩石是岩溶发育的物质基础，它的成分和结构特征影响岩溶的发育程度。

可溶性岩石分为碳酸盐类岩石（石灰岩、白云岩、大理岩及泥灰岩等）、硫酸盐类岩石和氯化盐类岩石。这三种岩石中碳酸盐类岩石溶解度最低，氯化盐类岩石的溶解度最大。但是，在可溶性岩石中，以碳酸盐类岩石分布最广，其矿物成分均一，可以全部被含有 CO_2 的水溶解，是发育岩溶的最主要的地层。晶粒粗大、岩层较厚的岩石比晶粒细小、岩层较薄的岩石容易溶解；矿物成分中方解石比白云石易溶解，岩石中若含有黄铁矿时，则加速岩石溶解。

（2）岩石的透水性。岩石的透水性取决于岩石的裂隙度和孔隙度，对可溶岩的透水性来说，裂隙度比孔隙度更为重要：①原生碳酸盐类岩石的孔隙度可达 $40\%\sim70\%$。②成岩及变质的碳酸盐类岩石孔隙度仅占 $5\%\sim15\%$。③粗晶及中晶结构的岩石孔隙度大，易溶解。④细晶结构的岩石孔隙度小，不易溶解。

岩石的透水性与构造的关系：①风化裂隙一般较浅，只影响地表岩溶的发育。②构造裂隙（特别是张性）透水性好，岩溶发育（例如漓江）。③软弱岩层或具有压性裂隙的岩层，其裂隙呈封闭状，透水性弱，岩溶不发育。

（3）水的溶蚀能力。水对碳酸盐类岩石的溶解能力，主要取决于水中侵蚀性 CO_2 的含量。水中侵蚀性 CO_2 的含量越多则溶蚀性越强。水中 CO_2 的来源，主要是雨水溶解空气中所含有的 CO_2 形成的。土壤和地表附近强烈的生物化学作用，也是水中 CO_2 的重要来源之一。当水呈酸性时或含有氯离子和硫酸根离子时，水对碳酸盐类岩石的溶解能力也将增强。由此可见，水的物理化学性质与岩溶的发育有着密切的关系。此外随着水温增高，进入水中的 CO_2 扩散速度增大，使岩溶加强，故热带石灰岩溶蚀速度比温带、寒带快。

（4）岩溶水的运动与循环。岩溶地区地下水的循环交替运动是造成岩溶的必要条件。停滞不动的地下水，对岩石的溶解很快达到饱和，失去继续溶蚀能力。岩溶水随深度不同，有不同的运动特征，分述如下：

1）垂直循环带：位于地面以下包气带内，水沿垂直裂隙及垂直洞穴下渗，此带岩溶形态多为落水洞等垂直洞穴。

2）季节循环带：此带介于地下潜水最高水位与最低水位之间。高水位时地下水以水平运动为主，低水位时以垂直运动为主，因此，此带内既有垂直溶洞也有水平溶洞发育。

3）水平循环带：此带位于最低地下水位之下，常年充满地下水，地下水做水平运动，多向河谷排泄，故多形成水平溶洞或暗河。若深层承压地下水，由四面向上往河谷中排泄，则形成放射状溶洞。

4）深部循环带：此带位于地下深处，与当地地表水无关，主要取决于地质构造，向较远处排泄。此带地下水交替运动缓慢，岩溶发育程度轻微，多为蜂窝状溶孔。

岩溶的发育规律

2. 岩溶的发育规律

在岩溶发育地区，各种岩溶形态在空间的分布和排列是有一定规律的，主要受岩性、地质构造、地壳运动、地形和气候等因素的控制和影响。

（1）岩性的影响。可溶岩层的成分和岩石结构是岩溶发育和分布的基础。成分和结构均一且厚度很大的石灰岩层，最适合岩溶发育和发展。所以许多石灰岩地区的岩溶规模很大，形态也比较齐全。白云岩略次于石灰岩。含有泥质和其他杂质的石灰岩或白云岩，溶蚀速度和规模都小得多。在石灰岩或白云岩发育的地区进行道路选线，必须随时注意岩溶的影响。

（2）地质构造的影响。褶曲、节理和断层等地质构造控制着地下水的流动通道，地层构造不同，岩溶发育的形态、部位及程度都不同。背斜轴部张节理发育，地表水沿张节理下渗，多形成漏斗、落水洞、竖井等垂直洞穴。向斜轴部属于岩溶水的聚水区，两翼地下水集中到轴部并沿轴向流动，故水平溶洞及暗河是其主要形态。此外，向斜轴部也有各种垂直裂隙，故也会形成陷穴、漏斗、落水洞等垂直岩溶形态。褶曲翼部是水循环强烈地段，岩溶一般均较发育，尤以邻近向斜轴部时为最甚。

一般张性断裂受拉张应力作用，破碎带宽度并不太大，但断层角砾大小混杂，结构疏松，缺乏胶结，裂隙率高，有利于地下水的渗透溶解，沿断裂带岩溶强烈发育。

（3）地壳运动的影响。正如河流的侵蚀作用受侵蚀基准面控制一样，地下水对可溶岩的溶蚀作用同样受侵蚀基准面的控制。而侵蚀基准面的改变则是由于地壳升降运动所决定。因此，地壳相对上升、侵蚀基准面相对下降时，岩溶以下蚀作用为主，形成垂直的岩溶形态；而地壳相对稳定、侵蚀基准面一段时间也相对不变时，地下水以水平运动为主，形成较大水平溶洞。地壳升降和稳定呈间歇交替变化，垂直和水平溶洞形态也交替变化。

（4）地形的影响。在岩层裸露、坡陡的地方，因地表水汇集快、流动快和渗入量少，多发育溶沟、溶槽或石芽；在地势平缓，地表径流排泄慢，向下渗流量多的地方，常发育漏斗、落水洞和溶洞；一般斜坡地段，岩溶发育较弱，分布也较少。岩溶发育的程度，在地表和接近地表的岩层中最强烈，往下越深越减弱。

（5）气候的影响。降水多，地表水体强度就大，气候也潮湿，地下水也能得到补给，岩溶发育就较快。因此，在气候炎热、潮湿、降水量大，地下水充沛和流量大，并分布有碳酸盐岩层的地区，岩溶发育和分布较广，岩溶形态也比较齐全。我国广西属典型的热带岩溶地区，以溶蚀峰林为主要特征；长江流域的川、鄂、湘一带，属亚热带气候，岩溶形态以漏斗和溶蚀洼地为主要特征；黄河流域以北属温带气候，岩溶一般不多发育，以岩溶泉和干沟为主要特征。

5.4.3　岩溶的工程地质问题

在岩溶发育的地方，气候潮湿多雨，岩石的富水性和透水性都很强，岩溶

地基不均匀沉降

斜裂缝主要发生在软地基上的墙体中由于地基不均匀下沉使墙体承受较大的剪切力，当结构刚度较差，施工质量和材料强度不能满足要求时，导致墙体开裂。

地面塌陷

岩溶塌陷的平面形态具有圆形、椭圆形、长条形及不规则形等，主要与下伏岩溶洞隙的开口形状及其上复岩、土体的性质在平面上分布的均一性有关。其剖面形态具有坛状、井状、漏斗状、碟状及不规则状等，主要与塌层的性质有关。

T/CAGHP 077—2020 岩溶塌陷防治工程设计规范（试行）

岩溶塌陷防治工程设计规范（试行）规定了岩溶塌陷防治工程设计基本要求、防治措施、工程监测等内容。本规范适用于岩溶塌陷防治工程设计。建筑工程、市政工程、桥梁和道路工程的岩溶塌陷防治工程设计可参照使用。

作用使岩体结构发生变化，以致岩石强度降低。在岩溶发育地区修建公路、桥梁或隧道，常会给工程设计或施工带来许多困难，如果不认真对待，还可能造成工程失败或返工。

在岩溶发育地区进行工程建设，经常遇到的工程地质问题主要是地基塌陷、不均匀下沉和基坑、洞室涌水等。

各种岩溶形态都造成了地基的不均匀性，因而引起基础的不均匀变形。

在建筑物基坑或地下洞室的开挖中，若挖穿了暗河或地表水下渗通道，则会造成突然涌水，给工程施工和使用造成重大损失和灾难。

在岩溶发育地区修建工程建筑物，首先，必须在查清岩溶分布、发育情况的基础上，选择工程建筑物的位置，尽可能避开危害严重的地段。其次，由于岩溶发育的复杂性，特别是不可能在施工之前全部查清地下岩溶的分布，一旦施工时揭露出来，则必须有针对性地采取必要的工程措施。

一般认为，对于普通建筑物地基，若地下可溶岩石坚硬、完整，裂隙较少，则溶洞顶板厚度 H 大于溶洞最大宽 b 的 1.5 倍时，该顶板不致塌陷；若岩石破碎、裂隙较多，则溶洞顶板厚度 H 应大于溶洞最大宽度 b 的 3 倍时，才是安全的。对于地质条件复杂或重要建筑物的安全顶板厚度，则需进行专门的地质分析和力学验算才能确定。

对于在建筑物地基中的岩溶空洞，可以用灌浆、灌注混凝土或片石回填的方法，必要时用钢筋混凝土盖板加固，以提高基底承载力，防止洞顶坍塌（见图 5-27）。

隧道穿过岩溶区，视所遇溶洞规模及出现部位采取相应措施。若溶洞规模不大且出现于洞顶或边墙部位时，一般可采用清除充填物后回填堵塞（见图 5-28）；若出现在边墙下或洞底可采用加固或跨越的方案（见图 5-29）；若溶洞规模较大，甚至有暗河存在时，可在隧道内架桥跨越。

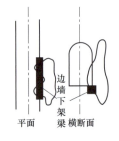

图 5-27　回填溶洞　　　　图 5-28　隧道拱顶溶洞回填　　　　图 5-29　隧道边墙下溶洞处理

5.5　地　　震

5.5.1　地震概述

1. 地震的概念

地震是一种破坏性极强的自然灾害。据不完全统计，地壳上每年发生的地

日本海啸

震约有 500 万次以上，人们能够感觉到的约有 5 万次。其中，能够造成破坏作用的约有 1000 次，7 级以上大地震约有十几次。

世界上已发生的最大地震震级为 8.9 级，如 1960 年 5 月 22 日发生在南美智利的地震。我国 1966 年河北邢台，1975 年辽宁海城，1976 年河北唐山发生了 7.8 级或相近的大地震，2008 年 5 月 12 日，四川汶川大地震的震级达到 8.0 级，强烈的地震造成毁灭性的灾害，使人民的生命财产遭到巨大损失。因此，在工程活动中，必须考虑地震这个主要的环境地质因素，并采取必要的防震措施。

地震是一种地质现象，是地壳构造运动的一种表现。地下深处的岩层，由于某种原因突然破裂、塌陷以及火山爆发等而产生振动，并以弹性波的形式传递到地表，这种现象称为地震。海底发生的地震称为海啸。

2. 地震波及其传播

地壳或地幔中发生地震的地方称为震源。震源在地面上的垂直投影称为震中。震中可以看作地面上振动的中心，震中附近地面振动最大，远离震中地面振动减弱。

中国地震带分布

震源与地面的垂直距离，称为震源深度。通常把震源深度在 70km 以内的地震称为浅源地震，70～300km 的称为中源地震，震源深度大于 300km 的称为深源地震。目前出现的最深的地震震源深度为 720km。绝大部分地震是浅源地震，震源深度多集中在 5～20km 左右，中源地震比较少，而深源地震为数更少。同样大小的地震，当震源较浅时，波及范围较小，破坏性较大；当震源深度较大时，波及范围较大，但破坏性相对较小。多数破坏性地震都是浅震。深度超过 100km 的地震，在地面上不会引起灾害。

地面上某一点到震中的直线距离，称为该点的震中距。震中距在 1000km 以内的地震，通常称为近震，大于 1000km 的称为远震。引起灾害的一般都是近震。

围绕震中的一定面积的地区，称为震中区，它表示一次地震时震害最为严重的地区。强烈地震的震中区往往又称为极震区。在同一次地震影响下，地面上破坏程度相同各点的连线，称为等震线。

地震发生时，震源处产生强烈振动，以弹性波方式向四周传播，此弹性波称为地震波。地震波在地下岩土介质中传播时称为体波，体波到达地表后，引起沿地表传播的波称为面波。体波包括纵波和横波。纵波又称为压缩波或 P 波，它是由于岩土介质对体积变化的反应而产生的，靠介质的扩张和收缩而传播，质点振动的方向与传播方向一致。纵波传播速度最快，平均为 7～13km/s。纵波既能在固体介质中传播，也能在液体或气体中传播。横波又称为剪切波或 S 波，它是由于介质形状变化反应的结果，质点振动方向与传播方向垂直，各质点间发生周期性剪切振动。横波传播速度平均为 4～7km/s，比纵波慢。横波只能在固体介质中传播。

面波只限于沿地表面传播，一般可以说它是体波经地层界面多次反射形成的次生波，它包括沿地面滚动传播的瑞利波和沿地面蛇形传播的乐甫波两种。面波传播速度最慢，平均速度约为 3～4km/s。

世界上三大地震带
　　环太平洋地震带、欧亚地震带和海岭地震带。环太平洋地震带是地球上最主要的地震带，它像一个巨大的环，沿北美洲太平洋东岸的美国阿拉斯加向南，经加拿大本部、美国加利福尼亚和墨西哥西部地区，到达南美洲的哥伦比亚、秘鲁和智利，然后从智利转向西，穿过太平洋抵达大洋洲东边界附近，在新西兰东部海域折向北，再经斐济、印度尼西亚、菲律宾，中国台湾地区、琉球群岛、日本列岛、阿留申群岛，回到美国的阿拉斯加，环绕太平洋一周，也把大陆和海洋分隔开来，地球上约有80%的地震都发生在这里。

地震对地表面及建筑物的破坏是通过地震波实现的。纵波引起地面上下颠簸，横波使地面水平摇晃，面波则引起地面波状起伏。纵波先到，横波和面波随后到达，由于横波、面波振动更剧烈，造成的破坏也更大。随着与震中距离的增加，振动逐渐减弱，破坏逐渐减小，直至消失。

3. 地震的成因类型

地震按其成因可分为构造地震、火山地震、陷落地震和人工触发地震四类。

（1）构造地震：地壳运动引起的地震。地壳运动使组成地壳的岩层发生倾斜、褶皱、断裂、错动或大规模岩浆侵入活动等，与此同时，地壳也就随之发生地震，称构造地震。其中，最普遍、最重要的是由地壳运动造成岩层断裂、错动引起的地震。在某些地区地壳中，由于应力不断积累，超过了岩石强度极限时，沿岩石中薄弱处发生破裂和位移，同时迅速、急剧地释放出积累的能量，以弹性波的形式引起地壳的振动。这种由于断裂活动引起的地震，在地壳中最常见，占地震中的大多数。构造地震占地震总数的90%。

（2）火山地震：火山喷发引起的地震。火山地震占地震总数的7%。

（3）陷落地震：山崩、巨型滑坡或地面塌陷引起的地震。地面塌陷多发生在可溶岩分布地区，若地下溶蚀或潜蚀形成的各种洞穴不断扩大，上覆地表岩、土层顶板发生塌陷，就会引发地震。陷落地震约占地震总数的3%。

（4）人工触发地震：人类工程活动引起的地震。由于大型水库的修建，大规模人工爆破，大量深井注水及地下核爆炸试验等都能引起地震。由于近几十年来人类工程活动规模越来越多、越来越大，人工触发地震问题已日益引起关注。

上述四种地震中，构造地震影响范围最大，破坏性也最大，是地震研究的重点。全世界发生构造地震的地区分布并不均匀，主要受地质构造条件控制，多发生在近代造山运动和地壳的大断裂带上，即形成于地壳板块的边缘地带。因此，构造地震主要分布在环太平洋地震活动带和地中海—中亚地震活动带两个地带。环太平洋带西部边缘包括日本、马里亚纳群岛、中国台湾地区、菲律宾、印尼，直至新西兰。它的东部边缘是南、北美洲的西海岸，包括美国、墨西哥、秘鲁、智利等国。该带地震占全世界地震总数的80%以上。地中海—中亚带大致呈东西走向，与山脉延伸方向一致，从亚速尔群岛经过地中海、喜马拉雅地区，至我国云南、四川西部和缅甸等地，与环太平洋带相接。此带地震占全世界地震总数的15%左右。

5.5.2　地震震级与地震烈度

1. 地震震级

地震震级是指一次地震时，震源处所释放能量的大小，用符号 M 表示。震级是地震固有的属性，与所释放的地震能量有关，释放的能量越大，震级越大。一次地震所释放的能量是固定的。因此，无论在任何地方测定都只有一个震级，其数值是根据地震仪记录的地震波图确定的。

我国使用的震级是国际上通用的里氏震级，将地震震级划分为 10 个等级，目前记录到的最大地震尚未超过 8.9 级。震级与震源发出的总能量之间的关系为

$$\lg E = 11.8 + 1.5M$$

式中　E——地震能量，尔格（erg），地震震级和能量的关系见表 5-2。

表 5-2　　　　　　　　　　　　地震震级与能量关系表

地震震级	能量（erg）	地震震级	能量（erg）
1	2.0×10^{13}	6	6.31×10^{20}
2	6.31×10^{14}	7	2.0×10^{22}
3	2.0×10^{16}	8	6.31×10^{23}
4	6.31×10^{17}	8.5	3.55×10^{24}
5	2.0×10^{19}	8.9	1.41×10^{25}

注　erg 为尔格，$1\mathrm{erg} = 10^{-7}\mathrm{J}$。

从表 5-2 可以看出，震级相差一级，能量相差 32 倍。一次大地震所释放的能量是十分惊人的。到目前为止，世界上发生的最大地震是 1960 年智利 8.9 级大地震，其释放的能量转化为电能，相当于一个 122.5 万 kW 电站 36 年的总发电量。

一般认为，小于 2 级的地震，称为微震；2～4 级的地震为有感地震；5～6 级以上的地震称为破坏性地震；7 级以上的地震，称为强烈地震或大地震。

2. 地震烈度

地震烈度是指地震时受震区的地面及建筑物遭受地震影响和破坏的程度。一次地震只有一个震级，而地震烈度却在不同的地区有不同的烈度。震中烈度最大，震中距越大，烈度越小。地震烈度的大小除了与地震震级、震中距、震源深度有关外，还与当地地质构造、地形、岩土性质等因素有关。根据我国 1911 年以来 152 次浅震资料统计，震级（M）和震中烈度（I_0）有如下关系

$$M = 0.66I_0 + 0.98$$

世界各国划分的地震烈度等级不完全相同，我国使用的是十二度地震烈度表，也就是将地震烈度根据不同地震情况划分为 Ⅰ～Ⅻ 度，每一烈度均有相应的地震加速度和地震系数，以便烈度在工程上的应用。地震烈度小于 Ⅴ 度的地区，具有一般安全系数的建筑物是足够稳定的；Ⅵ 度地区，一般建筑物不必采取加固措施，但应注意地震可能造成的影响。

Ⅶ～Ⅸ 度地区，能造成建筑物损坏，必须按照工程规范规定进行工程地质勘察，并采取相应的防震措施；Ⅹ 度以上地区属灾害性破坏，其勘察要求需做专门研究，选择建筑物场地时应尽量避开。

为了把地震烈度应用到工程实际中，地震烈度本身又可分为基本烈度、建筑场地烈度和设计烈度。

（1）基本烈度是指该地区在一百年内能普遍遭受的最大地震烈度。地震基本烈度大于或等于 Ⅶ 度的地区为高烈度地震区。

（2）建筑场地烈度也称小区域烈度，它是指在建筑场地范围内，由于地质条件、地形地貌条件及水文地质条件不同而引起对基本烈度的提高或降低。通常可提高或降低半度至一度。但是，在新建工程的抗震设计中，不能单纯用调整烈度的方法来考虑场地的影响，而应针对不同的影响因素采用不同的抗震措施。

（3）设计烈度是指抗震设计中实际采用的烈度，又称计算烈度或设防烈度。它是根提建筑物的重要性、永久性、抗震性及工程经济性等条件对基本烈度的调整。对于特别重要的建筑物，经国家批准可提高烈度一度，例如特大桥梁、长大隧道、高层建筑等；对于重要建筑物，可按基本烈度设计，如各种铁道工程建筑物、活动人数众多的公共建筑物等；对于一般建筑物可降低烈度一度，如一般工业与民用建筑物。但是，为保证属于大量的Ⅶ度地区的建筑物都有一定抗震能力，基本烈度为Ⅶ度时，不再降低。对于临时建筑物，可不考虑设防。

5.5.3　工程建设的防震原则

1. 建筑场地的选择

（1）浅基：如果可液化砂土层有一定厚度的稳定表土层，这种情况下可根据建筑物的具体情况采用浅基，用上部稳定表土层作持力层。

（2）换土：如果基底附近有较薄的可液化砂土层，可采用换土的办法处理。

（3）加密：如果砂土层很浅或露出地表且有相当厚度，可用机械方法或爆炸方法提高密度。

（4）采用筏片基础、箱形基础、桩基础：根据调查资料，整体较好的筏片基础、箱形基础，对于在液化地基及软土地基上提高基础的抗震性能有显著作用。

2. 软土及不均匀地基

软土地基地震时的主要问题是产生过大的附加沉降，而且这种沉降常是不均匀的。软土地基设计时要合理地选择地基承载力，基底压力不宜过大，同时应增加上部结构的刚度。

3. "三水准"抗震设防目标

近年来，国内外抗震设防目标的发展总趋势是要求建筑物在使用期间，对不同频率和强度的地震，应具有不同的抵抗能力，即"小震不坏，中震可修，大震不倒"。

课　后　拓　展　学　习

（1）各种地质灾害逃生方案。

（2）工程地质灾害的预防措施。

（3）结合现在的科学技术运用到工程地质灾害防治中。

课　后　实　操　训　练

完成"××年××省工程地质灾害调查报告"的搜集。

教 学 评 价 与 检 测

评价依据：

1. 报告

2. 理论测试题

(1) 什么是滑坡？它的主要形态特征有哪些？

(2) 形成滑坡的条件是什么？影响滑坡发生的因素有哪些？

(3) 滑坡的防治原则是什么？滑坡的防治措施有哪些？

(4) 什么是崩塌？形成崩塌的基本条件是什么？

(5) 崩塌的防治原则和防治措施有哪些？

(6) 岩堆有哪些工程地质特征？岩堆的处理原则和防治措施是什么？

(7) 什么是泥石流？泥石流的形成条件是什么？其发育有何特点？

(8) 什么是岩溶？岩溶主要有哪些形态？

(9) 岩溶发育的基本条件是什么？

(10) 岩溶地区的主要工程地质问题有哪些？常用的防治措施是什么？

(11) 什么是地震？什么是地震等级和地震烈度？震级和烈度之间有什么关系？

(12) 地震对工程建筑物的影响和破坏表现在哪些方面？

6 地下建筑工程地质问题

教 学 目 标

（一）总体目标

通过本章的学习，学生应掌握岩体及岩体结构、地应力的基本概念，理解地下洞室变形及破坏的基本类型及破坏机制，了解保证洞室围岩稳定的工程措施，保证施工和工程应用安全。积极引导学生消除对地下建筑工程职业的偏见，培养学生搜集处理信息的能力，分析和解决问题的能力，综合协同和团结合作的能力，具备工程伦理道德、社会公德和特殊职业道德，成为一个具有事业心强、责任感高、个人修养好的工程技术人才。

（二）具体目标

1. 专业知识目标

（1）掌握岩体及岩体结构的概念。

（2）掌握岩体结构的类型。

（3）掌握地应力及其分布规律。

（4）掌握洞室围岩变形及破坏类型。

（5）了解保证洞室围岩稳定的工程措施。

2. 综合能力目标

（1）地下建筑工程施工过程中常见的地质灾害及其防治方法。

（2）地下巷道开挖的方式及适用范围。

3. 综合素质目标

（1）培养学生善于沟通的能力，提高综合协同素养。

（2）消除职业偏见，具备工程伦理道德、社会公德和特殊职业道德。

（3）培养学生爱岗敬业、踏实肯干的精神。

教 学 重 点 和 难 点

（一）重点

（1）掌握地下洞室变形及破坏的类型。

（2）掌握地应力的现场探测方法——应力解除法。

（二）难点

（1）保护洞室围岩稳定的工程措施。

（2）新奥法施工方法及其过程。

教 学 策 略

　　本章为第6章，主要讲述岩体及岩体结构、地应力的基本概念和分布规律。地下洞室变形及破坏的基本类型及破坏机制、保证洞室围岩稳定的工程措施等是本章教学的重点和难点。为激发学生学习兴趣，帮助学生树立专业学习的自信心，采取"课前引导——课中教学互动——技能训练——课后拓展"的教学策略。

　　（1）课前引导：提前介入学生学习过程，要求学生复习土木工程概论、土木工程材料等前期学过的专业基础课程，为课程学习进行知识储备。

　　（2）课中教学互动：教师讲解中以提问、讨论等增加教和学的互动，拉近教师和学生心理距离，把专业教学和情感培育有机结合。

　　（3）技能训练：引导学生运用课堂所学专业知识解决实际问题，培育学生实践能力。

　　（4）课后拓展：引导学生自主学习与本课程相关的其他专业知识，既培养学生自主学习的能力，还为进一步开展课程学习提供保障。

教 学 架 构 设 计

（一）　教学准备

　　（1）情感准备：和学生沟通，了解学情，鼓励学生，增进感情。

　　（2）知识准备。

　　复习：前期课程"工程地质"中的工程地质灾害内容。

　　预习：本书第6章"地下建筑工程地质问题"。

　　（3）授课准备：学生分组，要求学生带问题进课堂。

　　（4）资源准备：授课课件、数字资源库等。

（二）　教学架构

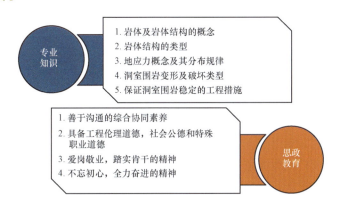

专业知识
1. 岩体及岩体结构的概念
2. 岩体结构的类型
3. 地应力概念及其分布规律
4. 洞室围岩变形及破坏类型
5. 保证洞室围岩稳定的工程措施

1. 善于沟通的综合协同素养
2. 具备工程伦理道德，社会公德和特殊职业道德
3. 爱岗敬业，踏实肯干的精神
4. 不忘初心，全力奋进的精神
思政教育

（三）　实操训练

　　完成论文"我国港珠澳大桥沉管隧道关键问题"。

城市地铁

城市人防工程

地铁车站

地下工厂

（四）思政教育

根据授课内容，本章主要在专业学习热情、特殊职业道德、综合协同能力三个方面开展思政教育。

（五）效果评价

采用注重学生全方位能力评价的"五位一体评价法"，即自我评价（20%）＋团队评价（20%）＋课堂表现（20%）＋教师评价（20%）＋自我反馈（20%）评价法。同时引导学生自我纠错、自主成长并进行学习激励，激发学生学习的主观能动性。

（六）教学方法

案例教学、启发教学、小组学习、互动讨论等。

（七）学时建议

4/36（课程总学时：36 学时）。

课 前 引 导

（1）课前复习：本书第 5 章"地质灾害"。

（2）课前预习：本书第 6 章"地下建筑工程地质问题"内容。

课 堂 导 入

随着科学技术的进步和建设事业的发展，大型工业、企业以及市政设施的地下工程系统日益增多，在水利水电、交通运输、矿山开采、城市建设以及军事工程、人防工程等方面出现了大量的、规模巨大的地下工程，通过展示地下金库、地铁隧道、地下军工企业等，思考这些工程建设及维护常见的问题有哪些，由此引入地下建筑工程地质的内容。

课程的基本内容和学习方法

1. 基本内容

通过本章的学习，学生应掌握岩体及岩体结构、地应力的基本概念，理解地下洞室变形及破坏的基本类型及破坏机制，了解保证洞室围岩稳定的工程措施，保证施工和工程应用安全。

2. 学习方法

（1）搜集、阅读有关科技文献和资料，了解地下建筑工程分类。

（2）通过作业及实训，提高凝练和解决专业问题的能力。

（3）通过案例分析掌握地下建筑工程地质问题的解决方法。

6.1　岩体及岩体结构概述

在岩（土）体内，为各种目的经人工形成的地下建筑物称为地下工程，其中经人工开凿形成的地下空间称为地下洞室，包括各种地下厂房、附建式地下结构及隧道等。

地下工程是与地质条件关系密切的工程建筑。地下工程位于地表下一定深度，修建在各种不同地质条件的岩（土）体内，所遇到的工程地质问题十分复杂。从工程实践来看，地下工程的工程地质问题是围绕着工程岩（土）体的稳定而出现的。

因此，研究地下工程围岩稳定性的主要影响因素，如岩体的物理力学性质、结构状态及结构面特征、地应力和含水情况等，预测可能发生的地质灾害并采取相应防治措施，是地下工程建设中非常重要的一个环节。

我国最深建筑主体

6.1.1 岩体

岩体的概念包含以下两个层次：一是从地质观点出发的广义岩体，是指在地质历史时期由各种岩石块体自然组合而成的"岩石结构物"，具有不连续性、非均质性及各向异性等特点；二是从工程观点出发的工程岩体，是指与工程建筑物有关的那一部分岩体，即地下洞室开挖后影响范围内的岩体，该部分岩体在地下洞室开挖后发生了应力重分布。岩体中各岩块被不连续界面分割，这些不连续界面称为岩体的结构面，岩块称为结构体，结构面与结构体的组合关系称岩体结构，其组合类型称岩体结构类型。

岩石和岩体的区别

岩石是矿物的自然集合体，是相对完整的块体。岩体中各个岩块被不连续界面所分割，这些不连续界面被称为岩体的结构面，岩石块体被称为岩体的结构体，结构面与结构体的组合称为岩体。二滩电站右坝肩岩体结构示意图如图 6-1 所示。按工程性质不同，把岩体分为地基岩体、边坡岩体和洞室岩体。

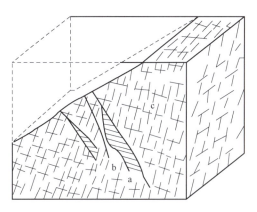

图 6-1 二滩电站右坝肩岩体结构示意图
a—软弱岩体；b—断层；c—节理网络

岩石的工程性质主要取决于组成它的矿物成分、结构和构造，而岩体的工程性质不仅取决于组成它的岩石自身工程性质，更重要的是取决于其结构面的性质。

6.1.2 结构面

1. 定义

结构面是指岩体中的不连续界面（各种破裂面、夹层、充填矿脉等），通常没有或只有较低的抗拉强度。

结构面工程性质的影响因素

原生结构面

2. 分类

结构面按成因可分为原生结构面、构造结构面以及次生结构面。

（1）原生结构面：指岩石形成过程中产生的结构面，又可分为沉积结构面、火成结构面和变质结构面。

1）沉积结构面：指沉积岩形成时产生的结构面，如层理、层面、软弱夹层等。

2）火成结构面：指岩浆岩形成时产生的结构面，如冷缩节理、侵入岩的流线、流面、侵入接触面等。

3）变质结构面：指变质岩形成时产生的结构面，如片理面。

（2）构造结构面：指地壳运动引起岩石变形破坏形成的破裂面，如构造节理、断层、破劈理等。

（3）次生结构面：指地表浅层因风化、卸荷、爆破、剥蚀等作用形成的不连续界面，如风化裂隙、卸荷裂隙、爆破裂隙、泥化夹层、不整合接触面等。

一般情况下，结构面在岩体中是力学强度相对薄弱的部位。因此，岩体的力学性质及岩体的稳定性，很大程度上取决于岩体中结构面的工程性质。

6.1.3　结构体

1. 定义

结构体是岩体中被结构面切割而产生的单个岩石块体。

2. 影响因素

受结构面组数、密度、产状、长度等影响，结构体可以形成各种形状。常见结构体有块状、柱状、板状、锥状、楔形体、菱面体等。结构体形状、大小、产状和所处位置不同，对工程稳定性影响差别很大，如图 6-2 所示。当结构体形状、大小、产状都相同时，在工程不同位置处，其稳定性也不相同，如图 6-3 所示。

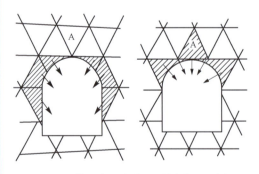

图 6-2　拱顶中心岩块 A 所处位置不同对地下洞室稳定性影响差异

图 6-3　水平板状岩块在拱顶和边墙部位的稳定性差异

6.1.4　岩体结构及其分类

岩体中结构面和结构体的组合关系称为岩体结构，其组合形式称为岩体结构类型，见表 6-1。不同结构类型的岩体，其力学性质有明显差别。

通常，可将岩体应力-应变曲线分为四种形态，如图 6-4 所示。Ⅰ为直线形曲线，属坚硬岩石组成的完整岩体的特征；Ⅱ为上凹形曲线，属坚硬岩石组成的裂隙岩体的特征；Ⅲ为下凹形曲线，属软弱岩石组成的完整岩体的特征；Ⅳ为 S 形（上凹转下凹）曲线，属软弱岩石组成的裂隙岩体的特征。

读书笔记：

表 6-1　　　　　　　　　　　　　岩体按结构类型划分

岩体结构类型	岩体地质类型	结构体形状	结构面发育情况	岩土工程特征	可能发生的岩土工程问题
整体状结构	巨块状岩浆岩和变质岩，巨厚层岩浆岩	巨块状	以层面和原生、构造节理为主，多呈闭合型，间距大于 1.5m，一般为 1～2 组，无危险结构	岩体稳定，可视为均质弹性各向同性体	局部滑动或坍塌，深埋洞室的岩爆
块状结构	厚层状沉积岩，块状岩浆岩和变质岩	块状、柱状	有少量贯穿性节理裂隙，结构面间距 0.7～1.5m，一般为 2～3 组，有少量分离体	结构面互相牵制，岩体基本稳定，接近弹性各向同性体	
层状结构	多韵律薄层、中厚层状沉积岩、副变质岩	层状、板状	有层理、片理、节理，常有层间错动	变形和强度受层面控制，可视为各向异性弹塑性体，稳定性较差	可沿结构面滑塌，软岩可产生塑性变形
破裂状结构	构造影响严重的破碎岩层	碎块状	断层、节理、片理、层理发育，结构面间距 0.25～0.50m，一般 3 组以上，有许多分离体	整体强度很低，并受软弱结构面控制，呈弹塑性体，稳定性很差	易发生规模较大的岩体失稳，地下水加剧失稳
散体状结构	断层破碎带，强风化及全风化带	碎屑状	构造和风化裂隙密集，结构面错综复杂，多充填黏性土，形成无序小块和碎屑	完整性遭到极大破坏，稳定性差，接近松散体介质	易发生规模较大的岩体失稳，地下水加剧失稳

由上述曲线可以看出，硬岩岩体主要为脆性破坏。软岩岩体主要为塑性破坏。硬岩岩体破坏强度大大高于软岩岩体。并且在硬岩岩体中，结构面力学强度通常大大低于结构体力学强度。因此，硬岩岩体的变形破坏首先是沿结构面的变形破坏，岩体工程性质主要取决于结构面的工程性质；在软岩岩体中，因结构体力学强度较低，有时与结构面强度相差无几，甚至低于结构面强度，所以软岩岩体的工程性质主要取决于结构体的工程性质。

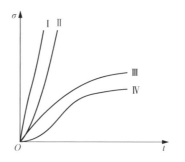

图 6-4　岩体应力-应变曲线类型

此外，岩体应力-应变曲线形态还与外部荷载大小有关。当外部荷载足够大时，坚硬完整岩体的直线形曲线常变为下凹形曲线；坚硬裂隙岩体的上凹形曲线常变为 S 形曲线。

岩体变形的另一个显著特点是各向异性。当结构面发育时，通常垂直结构面方向的变形大于平行结构面方向的变形；垂直结构面方向的变形模量小于平行结构面方向的变形模量；垂直结构面方向的抗压强度也小于平行结构面方向的抗压强度。

6.2　地下洞室变形及破坏类型

6.2.1　地应力

地应力也称天然应力、原岩应力、初始应力、一次应力，是指存在于地壳岩体中的应力。由于工程开挖，使一定范围内岩体中的应力受到扰动而重新分布，这种应力则称为二次应力或扰动应力，在地下工程中称围岩应力。地岩体是天然状态下长期、复杂的地质作用过程的产物，岩体中的地应力场是多种不同成因、不同时期应力场叠加综合的结果。地应力包括岩体自重应力、地质构造应力、地温应力、地下水压力以及结晶作用、变质作用、沉积作用、固结脱水作用等引起的应力。在通常情况下，构造应力和自重应力是地应力中最主要的成分和经常起作用的因素。从实测地应力结果中减去岩体自重应力场，便可用来评价地质构造应力特性。构造应力场多出现在新构造运动比较强烈的地区。根据国内外实测地应力资料，最大测深已超过 3km，但大部分测点位于地下 1km 范围之内。我国测点最深的是 800m，一般在 200m 以内。从实测资料分析，地应力的基本规律可归结为以下几方面：

（1）在浅部岩层，地应力垂直分量 σ_v 值接近于岩体自重应力；实测资料表明，水平分量 σ_h 大于垂直分量 σ_v。

（2）在深部岩层，如 1km 以下，两者渐趋一致，甚至 σ_v 大于 σ_h。

（3）水平分量 σ_h 有各向异性，如中国华北地区实测结果表明比值 $\sigma_{hmin}/\sigma_{hmax}=0.19\sim0.27$ 的占 17%，比值为 $0.43\sim0.64$ 的占 60%，比值为 $0.66\sim0.78$ 的约占 20%。

（4）最大主应力在平坦地区或深层，受构造方向控制，而在山区则和地形有关，在浅层往往平行于山坡方向。

（5）由于多数岩体都经历过多次地质构造运动，且组成岩石的各种矿物的物理力学性质也不相同，因而地应力中的一部分以"封闭"或"冻结"状态存在于岩石中。

1. 垂直地应力的计算

岩体由多层不同重度的岩层组成，则

$$\sigma_z = \sum_{i=1}^{n} \gamma_i h_i$$

式中　γ_i——第 i 层岩体的重度，kN/m^3；

　　　h_i——第 i 层岩体的厚度，m。

2. 地应力的实测——钻孔套芯应力解除法

通过测量套芯应力解除前后，钻孔孔径变化或孔底应变变化或孔壁表面应变变化值来确定天然应力的大小和方向，如图 6-5、图 6-7 所示。

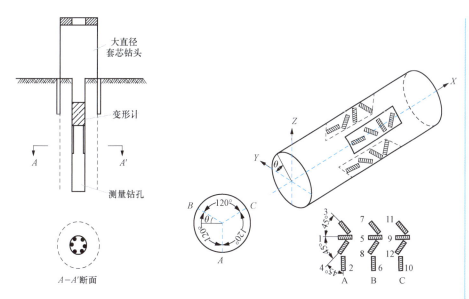

钻孔套芯应力解除
法原理及步骤

图 6-5　钻孔套芯应力解除法示意图　　　　图 6-6　应变化位置分布图

图 6-7　空芯包体应力计实物图

6.2.2　地下洞室变形及破坏的基本类型

隧道及其他地下工程围岩的稳定性，是多种因素的综合效应，主要包括：
岩石（体）的物理力学性质、岩体结构特征、含水状况、地应力状态等地质因
素，以及工程所承受的荷载、工程类型、工程尺寸及施工方法等工程因素。下
面就几种常见的洞室围岩变形和破坏类型作简要的阐述。

在土木工程中，将地下洞室开挖后洞室周围应力变化范围内的岩体称为围
岩，变化后的应力称为围岩应力或二次应力。围岩应力引起的变形与破坏，主
要指相对较完整岩体在围岩应力为主作用下产生的变形和破坏。

1. 围岩应力的变化规律

地下洞室开挖后，破坏了岩体中原有的地应力平衡状态，岩体内各质点在

隧道张裂塌落

回弹应力作用下，力图沿最短距离向消除了阻力的临空面方向移动，直到达到新的平衡，这种位移现象称为卸荷回弹。随着岩体质点的位移，岩体内一些方向上的质点由原来的紧密状态逐渐松胀，另一些方向上的质点反而挤压程度更大，岩体应力的大小和主应力方向也随之发生变化。这种岩体应力变化，一般发生在地下洞室横剖面最大尺寸的 3～5 倍范围内。在此范围以外，岩体依然处于原来的地应力状态。

地下洞室开挖使围岩内主应力产生强烈分异现象，越接近临空面，应力差值越大，到洞室周边达最大值。因此，在围岩范围内，洞室周边为最不利应力条件。洞室开挖后，只要洞壁各点的应力值均未超过岩体强度，则整个围岩是稳定的；相反，围岩则产生变形或破坏。并且，任何围岩的变形或破坏必将首先从洞室周边开始，然后沿半径方向向岩体内部发展。因此，研究洞室周边应力，对评价围岩稳定性有十分重要的意义。

洞室周边围岩应力的变化规律主要随洞室形状和侧压力系数（$N = \sigma_h / \sigma_v$）而变化。以铁路直墙圆拱型隧道为例，当侧压力系数较低时：拉应力主要出现在拱顶和洞底，并且洞底的拉应力常大于拱顶的拉应力；压应力主要出现在拱脚和边墙中部，并且边墙中部压应力最大。随着侧压力系数增加，拱顶和洞底由拉应力转为压应力，拱顶压应力大于洞底压应力并逐步接近于拱脚压应力；边墙中部压应力增加，并仍为最大压应力区。

2. 围岩应力引起的变形和破坏类型

在围岩应力作用下，围岩变形和破坏的主要类型有张裂塌落、劈裂剥落、碎裂松动、弯折内鼓、岩爆、塑性挤出、膨胀内鼓等。

（1）张裂塌落。在厚层状或块体状围岩的洞室拱顶部，当产生拉应力集中，其值超过围岩抗拉强度时，拱顶围岩将发生垂直张裂破坏。尤其是当有近于垂直的构造节理发育时，拱顶张拉裂缝易沿垂直节理发展，使被裂缝切割的岩体在自重作用下变得不稳定。此外，当岩石在垂直方向抗拉强度较低，或近于水平方向的软弱结构面发育，往往也造成拱顶塌落。

（2）劈裂剥落。过大的切向压应力可使厚层或块体状围岩表面发生平行洞室周边的破裂。一些平行破裂将围岩切割成几厘米到几十厘米厚的薄板，这些薄板常沿壁面剥落，其破裂范围一般不超过洞室的半径。当切向压应力大于劈裂岩板的拉弯强度时，这些劈裂板还可能被压弯、折断，并造成塌方，如图 6-8 所示。

巷道变形破坏

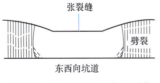

张裂缝

劈裂

东西向坑道

图 6-8　矿坑围岩的劈裂剥落

（3）碎裂松动。碎裂松动是硬质岩因多组节理发育呈镶嵌碎裂状时的围岩变形、破坏的主要形式。洞室开挖后，如果围岩应力超过围岩的屈服强度，这类围岩就会沿已有的多组节理发生剪切错动而松弛，并围绕洞室形成一个碎裂松动带或松动圈。这类松动带本身是不稳定的，当有地下水活动参与时，极易导致拱顶坍塌和边墙失稳。松动带的厚度会随时间的推移而逐步增大。因此，该类围岩开挖后应及时支护加固。

（4）弯折内鼓。在薄层脆性围岩中，岩体变形、破坏主要表现为层状岩层以弯折内鼓的方式破坏。破坏成因有两种：一是卸荷回弹，二是切向压应力超过薄层岩层的抗弯强度所造成的。

在卸荷回弹造成的破坏中，破坏主要发生在地应力较高的岩体内（如深埋洞室或水平应力高的洞室），并且总是与岩体内初始最大应力垂直相交的洞壁上表现最强烈。故当薄层状岩层与初始最大应力近于垂直时，洞室开挖后，就会在回弹应力作用下发生如图 6-9 所示的弯曲、拉裂和折断，最终挤入洞内而坍倒。如垂直应力为主时，水平岩层在洞顶易产生弯折［见图 6-9（a）］；水平应力为主时，竖直岩层在洞壁易产生弯折［见图 6-9（b）］。

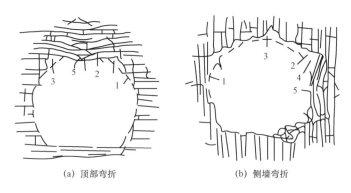

(a) 顶部弯折　　　　　　(b) 侧墙弯折

图 6-9　走向平行于洞轴的薄层状围岩的弯折内鼓破坏
1—设计断面轮廓线；2—破坏区；
3—崩塌；4—滑动；5—弯曲、拉裂及折断

（5）岩爆。岩爆是高地应力区修建于脆性岩中的隧道及其他地下工程中常见的一种地质灾害。在高地应力区地下洞室开挖中，围岩在局部集中应力作用下，当应力超过岩体强度时，发生突然的脆性破坏，并导致应变能突然释放造成的岩石的弹射或抛出现象，称为岩爆。

（6）塑性挤出。洞室开挖后，当围岩应力超过软弱岩体的屈服强度时，较弱的塑性物质就会沿最大应力梯度方向向消除了阻力的自由空间挤出。在软、硬岩体相间时，软弱岩体的塑性挤出还受岩体产出条件和洞室开挖所在部位控制。产生塑性挤出的围岩主要有固结程度较低的泥质粉砂岩、泥岩、页岩、泥灰岩等软弱岩体。此外，散体结构的围岩也存在塑性挤出的问题。通常，挤出变形的发展都有一个时间过程，一般要几周至几月后才达到稳定。

（7）膨胀内鼓。洞室开挖后，往往促使水分由围岩内部高应力区向围岩表面低应力区转移，常使某些含大量膨胀矿物、易于吸水膨胀的岩体发生强烈的膨胀内鼓变形。遇水后易于膨胀的岩石主要有两类：一类是富含蒙脱石、伊利石的黏土岩类；另一类是富含硬石膏的地层。隧洞围岩中若含有遇水体积增加 2.9% 的岩石，就会给开挖造成困难。而有些富含蒙脱石的岩体，通水后体积可增加 14%～25%。据挪威水工隧洞的调查，有 70% 的隧洞衬砌开裂和破坏与此有关。围岩遇水膨胀后，会产生很大的围岩压力，给隧洞施工和运营带来

岩爆

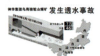
很大困难。与围岩塑性挤出相比，围岩吸水膨胀是一个更为缓慢的过程，往往需要相当长的时间才能达到稳定。

3. 松散围岩的变形与破坏

（1）重力坍塌。在松散岩体中开挖洞室，因岩体固结程度差或没有固结，并且大多数松散岩体地下水含量较高，导致结构面强度低，开挖后岩块在重力作用下自由坍落，形成较高的坍塌拱，有时甚至可以坍通地表。应采用边挖边砌的方法，完工后还应对衬砌背后与围岩之间的空洞进行灌浆加固。

（2）塑流涌出。当开挖揭穿饱水的断层破碎带内的松散物质时，在压力下松散物质和水常形成泥浆碎屑流突然涌入洞中，有时甚至可以堵塞坑道，给施工造成很大困难，应提前作好应变准备。

6.3   地下洞室特殊地质问题

除前述围岩变形、破坏等地质问题外，洞室开挖中还经常遇到涌水、腐蚀、地温、瓦斯、岩爆等特殊地质问题。

6.3.1   洞室涌水

在富水的岩体中开挖洞室，开挖中当遇到相互贯通又富含水的裂隙、断层带、蓄水洞穴、地下暗河时，就会产生大量的地下水涌入洞室内；已开挖的洞室，如有与地面贯通的导水通道，当遇暴雨、山洪等突发性水源时，也可造成地下洞室大量涌水。这样，新开挖的洞室就成了排泄地下水的新通道。若施工时排水不及时，积水严重时会影响工程作业，甚至可以淹没洞室，造成人员伤亡。大瑶山隧道通过斑谷坳地区石灰岩地段时，曾遇到断层破碎带，发生大量涌水，施工竖井一度被淹，不得不停工处理。因此，在勘察设计阶段，正确预测洞室涌水量是十分重要的问题。常见的隧道涌水量预测方法有相似比拟法、水均衡法、地下水动力学法等。

1. 相似比拟法

相似比拟法是通过开挖导坑时的实测涌水量，推算隧道涌水量，或用隧道已开挖地段涌水量来推算未开挖地段涌水量。相似比拟法适用于岩层裂隙比较均匀，比拟地段的水文地质条件相似，涌水量与坑道体积呈正比的条件。

2. 水均衡法

水均衡法是计算某一地区或一个地下水流域，在某一时期内水的流入量与流出量之间的数量关系方法。选择进行均衡计算的地区，称为均衡区，进行均衡计算的时间称为均衡期。用水均衡法计算隧道涌水量，主要考虑大气降水量、隧道吸引范围的集水面积、大气降雨渗入系数以及大气降雨渗入地下后到达隧道涌水处所需的渗流时间等四个因素。

3. 地下水动力学法

地下水动力学法计算隧道涌水量的公式，都是由地下水运动基本微分方程导出的。边界条件不同，导出的公式也不同。一般按含水层在水平方向上的分布和补给条件，把隧道含水层分为无限补给和有限补给两种情况。然后考虑隧道位置与含水层隔水底板间的相互关系，又分完整型隧道和非完整型隧道两种形式进行计算。

读书笔记：

6.3.2 腐蚀

地下洞室围岩的腐蚀主要指岩、土、水、大气中的化学成分和气温变化对洞室混凝土的腐蚀。地下洞室的腐蚀性可对洞室衬砌造成严重破坏，从而影响洞室稳定性。成昆铁路百家岭隧道，由三叠系中上统石灰岩、白云岩组成的围岩中含硬石膏层（$CaSO_4$），开挖后，水渗入围岩使石膏层水化，膨胀力使原整体道床全部风化开裂，地下水中 SO_4^{2-} 高达 1000mg/L，致使混凝土腐蚀得像豆腐渣一样。

1. 腐蚀类型

岩、土、水中混凝土的化学腐蚀类型，主要有结晶类腐蚀、分解类腐蚀和结晶分解复合类腐蚀。在我国，结晶类腐蚀常见的有芒硝型腐蚀、石膏型腐蚀和钙矾型腐蚀；分解类腐蚀常见的有一般酸型腐蚀、碳酸型腐蚀；结晶分解复合类腐蚀常见于冶金、化工工业废水污染地带。此外，物理风化中因气温变化引起的冰劈作用和盐类结晶作用也可对混凝土形成结晶类腐蚀。

2. 腐蚀标准

建筑场地根据气候区、岩土层透水性、干湿交替情况分为三类环境，同一浓度的盐类在不同的环境中对混凝土的腐蚀强度是不同的。各种化学成分在不同环境中对混凝土腐蚀性的评价标准，国际上首推原苏联建筑结构防腐蚀设计标准；国内主要有《岩土工程勘察规范》（GB 50021—2001）规定的标准。具体作业时，应取地下水位以下的水样和土样分别作腐蚀成分及含量测定，对测定数据按规范进行等级评价。如各项指标腐蚀等级不一致时，宜取高者为腐蚀等级。

3. 腐蚀严重程度

混凝土被腐蚀后的严重程度可分为四级：①无腐蚀。混凝土表面外观完整，模板印痕清晰，在隧道滴水处混凝土表面有碳酸钙结晶薄膜，锤击混凝土表面时，声音清脆，有坚硬感。②弱腐蚀。在隧道边墙脚下，或出水的孔洞周围，以及混凝土构筑物的水位波动段，混凝土碳化层已遭破坏，混凝土表层局部地方砂浆剥落，锤击有疏松感。③中等腐蚀。在潮湿及干燥交替段，混凝土表面断断续续呈酥软、掉皮、砂浆松散、骨料外露，但内部坚硬，未有变质现象。④强腐蚀。混凝土表面膨胀隆起，大面积自动剥落，有些地方呈豆腐渣状。侵蚀深度达 2cm 以上，深处混凝土也受到侵蚀而变质。

4. 腐蚀易发生地区

腐蚀多发地区主要在下列地质环境中：①第三纪、侏罗纪、白垩纪等红层中含有芒硝、石膏、岩盐的含盐红层，三叠纪的海相含膏地层，以及此类岩层地下水浸染的土层，其结晶类腐蚀严重；②泥炭土、淤泥土、沼泽土、有机质及其他地下水中含盐较多的游离碳酸、硫化物和亚铁，对混凝土具有分解类腐蚀；③我国广东、广西、福建、海南、台湾地区沿海，有红树林残体的冲积层及其地下水，具强酸性，对混凝土有腐蚀；④我国长江以南高温多雨的湿热地区，酸性红土、砖红土，以及各地潮湿森林酸性土，pH 值一般在 4～6 之间，对混凝土有一般酸性腐蚀；⑤硫化矿及含硫煤矿床地下水及其浸染的土层，对混凝土有强酸性腐蚀；⑥采矿废石场、尾矿场、冶炼厂、化工厂、废渣场、堆煤场、杂填土、垃圾掩埋场及其地下水浸染的土层，对混凝土有腐蚀。

长期保持干燥状态的地质环境，土中虽然含盐，但无吸湿及潮解现象时，对混凝土一般无腐蚀性。

6.3.3　地温

对于深埋洞室，地下温度是一个重要问题，铁路规范规定隧道内温度不应超过 25℃，超过这个界线就应采取降温措施。隧道温度超过 32℃时，施工作业困难，劳动效率大大降低。欧洲辛普伦隧道施工时，遇到高达 56℃的高温，严重影响了施工速度。所以深埋洞室必须考虑地温影响。

地壳中温度有一定变化规律。地表下一定深度处的地温常年不变，称为常温带。常温带以下地温随深度增加，地热增温率 G 约为 1℃/33m。可由下式估算洞室埋深处的地温

$$T = T_0 + (H - h)G$$

式中　T——隧道埋深处的地温，℃；

　　　T_0——常温带温度，℃；

　　　H——洞室埋深，m；

　　　h——常温带深度，m；

　　　G——地热增温率，1℃/33m。

除了深度外，地温还与地质构造、火山活动、地下水温度等有关。岩层层状构造方向导热性好，所以，陡倾斜地层中洞室温度低于水平地层中洞室温度；在近代岩浆活动频繁地区，受岩浆热源影响，地温较高；在地下热水、温泉出露地区，地温也较高。成昆铁路某隧道处于牛日河大断裂影响带内，地热能沿着断裂上升，施工时洞内温度达 30℃以上。莲地隧道内有 40℃温泉，施工时洞内温度也居高不下。

6.3.4　瓦斯

地下洞室穿过含煤地层时，可能遇到瓦斯。瓦斯能使人窒息致死，甚至可以引起爆炸，造成严重事故。瓦斯是地下洞室有害气体的总称，其中以甲烷为主，还有二氧化碳、一氧化碳、硫化氢、二氧化硫和氮气等。瓦斯一般主要指甲烷或甲烷与少量有害气体的混合体。当瓦斯在空气中浓度小于 5%～6%时，能在高温下燃烧；当瓦斯浓度由 5%～6%到 14%～16%时，容易爆炸，特别是含量为 8%最易爆炸；当浓度过高，达到 42%～57%时，使空气中含氧量降到 9%～12%，足以使人窒息。瓦斯爆炸必须具备两个条件：①洞室内空气中瓦斯浓度已达到爆炸限度；②有火源。

地下洞室一般不宜修建在含瓦斯的地层中，如必须穿越含瓦斯的煤系地

层，则应尽可能与煤层走向垂直，并呈直线通过。洞口位置和洞室纵坡要利于通风、排水。施工时应加强通风，严禁火种并及时进行瓦斯检测。开挖时工作面上的瓦斯含量超过1%时，就不准装药放炮；超过2%时，工作人员应撤出，进行处理。

6.3.5 岩爆

地下洞室在开挖过程中，围岩突然猛烈释放弹性变形能，造成岩石脆性破坏，或将大小不等的岩块弹射或掉落，并常伴有响声的现象称为岩爆。发现岩爆虽已有200多年历史，但只在20世纪50年代以来才逐渐认清了岩爆的本质和发生条件。

轻微的岩爆仅使岩片剥落，无弹射现象，无伤亡危险。严重的岩爆可将几吨重的岩块弹射到几十米以外，释放的能量可相当于200多吨TNT炸药。岩爆可造成地下工程严重破坏和人员伤亡。严重的岩爆像小地震一样，可在100多公里外测到，现测到的最大震级为里氏4.6级。岩爆有如下一些特点：①岩爆是岩石内部弹性应变能积聚后而突然释放的结果，故高地应力区的坚硬岩石最易出现岩爆，软弱岩石当弹性应变还不太大时，便产生塑性变形，不能形成岩爆。②岩爆发生时，常伴有声音，有的岩爆虽然不闻其声，但通过埋入岩石或与岩石面耦合的声接收器，仍可发现有声发射现象。③岩爆的发生有一个过程，通常可分为三个阶段，即启裂阶段、应力调整阶段和岩爆阶段。从岩石内形成很多单个微型隙，到微裂隙贯通形成张性裂隙丛，再到裂隙丛扩展造成较大裂隙，当应力调整超过岩石强度时发生岩爆。岩爆活动过程可能较短，如在距离开挖掌子面一倍洞径处，可能在24小时内活动频繁。但有时在开挖爆破扰动下，岩爆可能断断续续，持续1~2月，有时甚至1~2年。④岩爆分级。岩爆发生的临界深度约为200m，埋深越大时发生岩爆可能性越大。陶振宇根据Barton、Russenes、Turchaninov等人的分类，并结合国内工程经验提出岩爆分级，见表6-2。

表6-2   岩　爆　分　级

岩爆分级	σ_c/σ_1	说明
Ⅰ	>14.5	无岩爆发生、也无声发射现象
Ⅱ	14.5~5.5	低岩爆活动，有轻微声发射现象
Ⅲ	5.5~2.3	中等岩爆活动，有较强的爆裂声
Ⅳ	<2.3	高岩爆活动，有很强的爆裂声

注　σ_c 为岩石单轴抗压强度；σ_1 为地应力的最大主应力。

施工过程中主要采用超前钻孔、超前支撑及紧跟衬砌、喷雾洒水等方法防治岩爆。锚栓-钢丝网-喷混凝土支护（即新奥法施工）也可收到较好效果。

6.4   保证洞室围岩稳定的工程措施

6.4.1 合理施工减少对围岩扰动

围岩稳定程度不同，应选择不同的施工方案。尽可能全断面开挖，多次开

大国重器：我国自主研发海底隧道盾构机

　　隧道掘进过程中盾构机需要在超高水压环境下进行海底换刀，对施工和设备性能要求极高。研制团队在刀盘结构、刀具类型驱动密封、盾壳设计、环流出渣、耐压耐腐蚀等各方面都进行了针对性研究与设计，为盾构机制造和后续安全高效掘进奠定了坚实基础。

王梦恕（1938
年12月24日—2018
年9月20日），中国
河南省焦作市温县
人，毕业于西南交
通大学，中国隧道
工程专家、中国工
程院院士。在隧道
及地下工程的理
论研究、科学试验、
开发新技术、新方
法、新工艺以及指
导设计、施工等方
面做出了突出的贡
献，取得了丰硕的
成果，对我国隧道
建设技术发展起到
了重要的作用。

挖会损坏岩体。若地下洞室断面较大，一次开挖成型困难时，可采用分部开挖、逐步扩大的施工方法，采用不同的开挖顺序以保护围岩的稳定性。

6.4.2 支撑、衬砌与锚喷加固

1. 支撑

支撑是临时性加固洞壁的措施，衬砌是永久性加固洞壁的措施。此外还有喷浆护壁、喷射混凝土、锚筋加固、锚喷支护等，如图 6-10 所示。支撑按材料可分为木支撑、钢支撑和混凝土支撑等。在不太稳定的岩体中开挖时，应考虑及时设置支撑，以防止围岩早期松动。支撑是保护围岩稳定性的简易可行的办法。

图 6-10   矿井巷道支撑

2. 衬砌

衬砌的作用与支撑相同，但经久耐用，使洞壁光坦。砖、石衬砌较便宜，钢筋混凝土、钢板衬砌的成本最高。衬砌一定要与洞壁紧密结合，填严塞实其间空隙才能起到良好效果。作拱顶的衬砌时，一般还要预留压浆孔。衬砌后，再回填灌浆，在渗水地段也可起防渗作用。隧道衬砌管片和衬砌施工如图 6-11 所示。

图 6-11   隧道衬砌管片和衬砌施工

3. 锚喷支护

锚喷支护是喷射混凝土支护与锚杆支护的简称，其特点是通过加固地下洞室围岩，提高围岩的自承载能力来达到维护地下洞室稳定的目的。新奥地利隧道施工法是锚喷联合支护的施工方法。

喷射混凝土、锚杆和现场监控量测被认为是新奥法的三大支柱。新奥法的具体做法是随掌子面的掘进及时喷射一层混凝土，封闭围岩暴露面，形成初期柔性支护，随后按设计要求系统布置锚杆加固深部围岩。

（1）喷层的力学作用：①防护加固围岩，提高围岩强度；②改善围岩和支架的受力状态。

（2）锚杆的力学作用。

1）悬吊作用：锚杆可将不稳定的岩层悬吊在坚固的岩层上，以阻止围岩移动或滑落，如图 6-12 所示。

2）减跨作用：在顶板岩层打入锚杆，使地下洞室的跨度减小，从而减小顶板岩石应力，起到了维护地下洞室的作用，如图 6-13 所示。

3）组合作用：用锚杆把若干薄岩层锚固在一起，形成组合梁的形式。

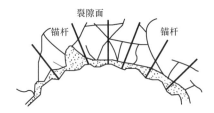

图 6-12　锚杆悬吊作用　　　　　图 6-13　锚杆减跨作用

（3）灌浆加固。在裂隙严重的岩体和极不稳定的第四纪堆积物中开挖地下洞室，常需要加固以增大围岩稳定性，降低其渗水性。最常用的加固方法就是水泥灌浆，其次有沥青灌浆、水玻璃灌浆等。通过这种办法，在围岩中大体形成圆柱形或球形的固结层，起到加固的目的。

课 后 拓 展 学 习

（1）对比分析地下建筑工程与地上建筑工程地质问题的不同。

（2）简述 TBM 一体机的作业原理。

（3）地下建筑工程地质灾害的防治。

课 后 实 操 训 练

完成论文"我国港珠澳大桥沉管隧道关键问题"。

教 学 评 价 与 检 测

评价依据：

1. 论文

2. 理论测试题

（1）简述结构面的概念及结构面的分类。

（2）什么是岩体结构？岩体结构类型有哪几种？

（3）什么是地应力？从实测地应力资料分析，简述地应力的基本规律。

（4）地下洞室开挖后，围岩应力有怎样的变化规律？

（5）简述地下工程施工中经常遇到的特殊地质问题。

（6）保证洞室围岩稳定的工程措施有哪些？

（7）什么是新奥法？新奥法的具体做法是什么？

7 工程地质勘察

教 学 目 标

（一）总体目标

通过本章的学习，学生应掌握工程地质勘察的基本要求和内容，学习工程地质勘探方法，了解工程地质勘察报告的组成和阅读方法以及与土木工程建筑设计、施工、加固治理等有关的勘察要点。加强对学生基本概念、基本理论和基本技能的培养，加强理论联系实际，强调具体问题具体分析，培养学生具有以各类建筑主要的岩土工程问题分析、评价为基础，进行勘察工作布置、工作量安排，总结各勘察阶段成果的能力，使学生具有分析实验数据、编写报告的能力和创新意识。

（二）具体目标

1. 专业知识目标

（1）掌握工程地质勘察的基本要求和内容。

（2）掌握地质勘探的方法。

（3）掌握工程地质勘察报告的内容。

（4）掌握工程地质勘察图表的阅读。

（5）了解地下建筑工程地质勘察的内容和方法。

2. 综合能力目标

（1）岩土工程勘察甲、乙、丙三级的分类依据和可承担勘察的范围。

（2）无人机摄像、GIS等新兴技术在建筑工程地质勘察中的应用。

3. 综合素质目标

（1）培养学生具体问题具体分析的辩证思维。

（2）以我国工程地质勘察大师的事迹激发学生的专业学习热情。

（3）培养学生求真务实的作风。

教 学 重 点 和 难 点

（一）重点

（1）掌握工程地质勘察的基本要求和内容。

（2）掌握工程地质勘察报告的阅读方法和要点。

（3）掌握土木工程设计、施工的勘察要点。

（二）难点

（1）工程地质勘察的设计。

（2）工程地质勘察报告编制。

教 学 策 略

本章是工程地质课程的第7章，主要讲述工程地质勘察，专业实践性强。学习工程地质勘察的基本要求和内容、工程地质勘察报告的阅读方法和要点等是本章教学的重点和难点。为激发学生学习兴趣，帮助学生树立专业学习的自信心，采取"课前引导——课中教学互动——技能训练——课后拓展"的教学策略。

（1）课前引导：提前介入学生学习过程，要求学生复习土木工程概论、土木工程材料等前期学过的专业基础课程，为课程学习进行知识储备。

（2）课中教学互动：教师讲解中以提问、讨论等增加教和学的互动，拉近教师和学生的心理距离，把专业教学和情感培育有机结合。

（3）技能训练：引导学生运用课堂所学专业知识解决实际问题，培育学生实践能力。

（4）课后拓展：引导学生自主学习与本课程相关的其他专业知识，既培养学生自主学习的能力，还为进一步开展课程学习提供保障。

教 学 架 构 设 计

（一）教学准备

（1）情感准备：和学生沟通，了解学情，鼓励学生，增进感情。

（2）知识准备：

复习："工程地质"课程中的地质灾害内容。

预习：本书第7章"工程地质勘察"。

（3）授课准备：学生分组，要求学生带问题进课堂。

（4）资源准备：授课课件、数字资源库等。

（二）教学架构

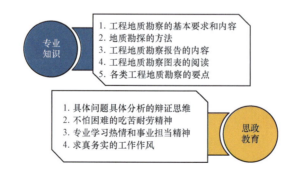

专业知识
1. 工程地质勘察的基本要求和内容
2. 地质勘探的方法
3. 工程地质勘察报告的内容
4. 工程地质勘察图表的阅读
5. 各类工程地质勘察的要点

1. 具体问题具体分析的辩证思维
2. 不怕困难的吃苦耐劳精神
3. 专业学习热情和事业担当精神
4. 求真务实的工作作风
思政教育

（三）实操训练

阅读"××地区工业园一期安置房工程地质勘察报告"。

（四） 思政教育

根据授课内容，本章主要在专业学习热情、辩证思维、求真务实能力三个方面开展思政教育。

（五） 效果评价

采用注重学生全方位能力评价的"五位一体评价法"，即自我评价（20%）+团队评价（20%）+课堂表现（20%）+教师评价（20%）+自我反馈（20%）评价法。同时引导学生自我纠错、自主成长并进行学习激励，激发学生学习的主观能动性。

（六） 教学方法

案例教学、启发教学、小组学习、互动讨论等。

（七） 学时建议

6/36（课程总学时：36学时）。

课 前 引 导

（1）课前复习：本书第6章"地下建筑工程地质问题"。
（2）课前预习：本书第7章"工程地质勘察"。

课 堂 导 入

以我国自然资源部近日发布的《2020年全国地质勘查成果通报》开始课堂，首先介绍截至2020年底，我国在探矿权设置、基础地质调查、水文地质、环境地质与地质灾害调查评价方面的成果，引入工程地质勘察详细内容。

课程的基本内容和学习方法

1. 基本内容

通过本章的学习，学生应掌握工程地质勘察的基本要求和内容，学习工程地质勘探方法，了解工程地质勘察报告的组成和阅读方法以及与土木工程建筑设计、施工、加固治理等有关的勘察要点。

2. 学习方法

（1）搜集、阅读有关科技文献和资料，了解工程地质勘察的基本要求和内容。
（2）通过工程现场勘察掌握勘察要点。
（3）通过作业及实训，提高凝练和解决专业问题的能力。

7.1 工程地质勘察的任务和分级

7.1.1 工程地质勘察的任务

（1）工程地质勘察是工程勘察内容的组成部分，目的是根据建设工程项目的要求，查明、分析、评价建设场地的地质、环境特征和岩土工程条件，编制勘察报告，为工程建设项目规划、设计和施工服务。

2020年全国地质勘查成果通报

2021年5月11日，自然资源部网站发布了《2020年全国地质勘查成果通报》。通报显示，2020年全国地质勘查投入资金161.61亿元，在矿产勘查，基础地质调查，水文地质、环境地质与地质灾害调查评价等方面取得新进展，在干热岩高温硬岩多靶点精准定向钻井技术、青藏高原科学深钻、深部工业铀找矿技术、5000米智能地质钻探技术装备等科技创新领域取得突破。

工程勘察综合类
甲级资质

（2）工程地质勘察的主要任务。

1）查明区域和建筑场地的工程地质条件，指出场地内不良地质的发育情况及其对工程建设的影响，对区域稳定性和场地稳定性作出评价。

2）查明工程范围内岩土体的分布、性状和地下水活动条件，提供设计、施工和整治所需的地质资料和岩土技术参数。

3）分析评价与建筑有关的工程地质问题，为建筑物的设计、施工、运行提供可靠的地质依据。

4）对场地内建筑总平面布置、各类岩土工程设计、岩土体加固处理、不良地质现象整治等具体方案作出论证和建议。

5）预测工程施工过程中对地质环境和周围建筑物的影响，并提出保护措施的建议。指导工程在运营和使用期间的长期观测，如建筑物的沉降和变形观测。

7.1.2　工程地质勘察的分级

工程勘察等级划分的主要目的是为了勘察工作量的合理布置。勘察等级是根据工程重要性等级、场地复杂程度等级和地基复杂程度等级综合分析确定，分为甲级、乙级和丙级。

（1）工程重要性等级是根据工程的规模和特征，以及由于岩土工程问题造成工程破坏或影响使用的后果，分为三级：一级工程：重要工程，后果很严重；二级工程：一般工程，后果严重；三级工程：次要工程，后果不严重。

（2）场地等级根据场地复杂程度分为三个等级：一级场地、二级场地、三级场地。

（3）地基等级根据地基复杂程度分为三个等级：一级地基、二级地基、三级地基。

（4）岩土工程勘察按下列条件划分为甲级、乙级和丙级。

1）甲级：在工程重要性、场地复杂程度和地基复杂程度中，有一项或多项为一级者定为甲级。

2）乙级：除勘察等级为甲级和丙级外的勘察项目。特例：建筑在岩质地基上的一级工程，当场地复杂程度等级和地基复杂程度等级均为三级时，岩土工程勘察等级可定为乙级。

3）丙级：工程重要性、场地复杂程度和地基复杂程度等级均为三级者定为丙级。

7.1.3　工程地质勘察阶段

GB 50021—2001（2009年版）《岩土工程勘察规范》，将岩土工程勘察分为可行性研究勘察、初步勘察和详细勘察三个阶段进行，场地条件复杂或有特殊要求的工程，还要进行施工勘察。每个工程地质勘察阶段都应依据勘察任务书，根据各专业有关工程地质勘察规范和工作手册进行勘察，编制勘察报告。各阶段的勘察目的、要求和主要工作方法见表7-1。

1. 可行性研究勘察

主要应搜集区域地质、地形地貌、地震、矿产和当地工程地质、岩土工程和建筑经验，通过踏勘了解场地的地层、构造、岩性、不良地质作用和地下水等工程地质条件，必要时应进行工程地质测绘和勘探。

《岩土工程勘察规范》规范是根据建设部建标 244 号文的要求，对 1994 年发布的《国标岩土工程勘察规范》的修订。在修订过程中，主编单位建设部综合勘察研究设计院合同有关勘察、设计、科研、教学单位组成编制组，在全国范围内广泛征求意见。

表 7-1　　　　各阶段的勘察目的、要求和主要工作方法

勘察阶段	可行性研究勘察（选址阶段）	初步设计阶段勘察（初步勘察）	施工图设计阶段勘察（详细勘察）	施工勘察
设计要求	满足确定场地方案	满足初步设计	满足施工图设计	满足施工中具体问题的设计，随勘察对象的不同而不同
勘察目的	对拟选厂址的稳定性和适宜性作出评价	初步查明场地岩土条件，进一步评价场地的稳定性	查明场地岩土条件，提出设计、施工所用参数，对设计、施工和不良地质作用的防治提出建议	解决施工过程中出现的岩土工程问题
主要工作方法	收集分析已有资料，进行场地踏勘，必要时进行一些勘探和工程地质测绘工作	调查、测绘、物探、钻探、试验，目的不同，侧重点不同	根据不同的勘察对象和要求确定，一般以勘探和室内外测试、试验为主	施工验槽、钻探、原位测试

在确定工程场地时，宜避开以下区段：

①不良地质现象发育且对场地稳定性有直接危害或潜在威胁的地段；②地基土性质严重不良的地段；③不利于抗震的地段；④洪水或地下水对场地有严重不良影响且又难以有效预防和控制的地段；⑤地下有未开采的有价值矿藏的地段；⑥埋藏有重要意义的文物古迹或未稳定的地下采空区的地段。

2. 初步勘察

①搜集工程有关文件、工程地质、岩土工程资料和地形图；②查明地质构造、地层结构、岩土工程特性、地下水埋藏条件、场地不良地质作用的成因、分布、规模、发展趋势；③对场地和地基地震效应初步评价；④调查标准冻结深度；⑤水对建筑材料的腐蚀性。

高层建筑初勘，应对可能采取的地基基础类型、基坑开挖与支护、工程降水方案初步分析评价。

3. 详细勘察

详细勘察应结合工程技术设计和施工图设计，针对不同的结构提出详细的岩土工程资料和设计、施工所需的岩土参数；对建筑地基做出岩土工程评价，并对地基类型、基础形式、地基处理、基坑支护、工程降水和不良地质作用的防治提出建议。主要应进行下列工作：

①搜集附有坐标和地形的建筑总平面图，场区地面整平标高，建筑物的性质、规模、荷载、结构特点，基础形式、埋置深度，地基允许变形等资料；②查明不良地质作用发展趋势和危害程度，提出整治方案的建议；③查明建筑范

千磨万击还坚劲，任尔东西南北风

刘广润（1929.04.20-2007.06.25），天津市宝坻区人，中国工程院院士、工程地质专家。刘广润长期从事以三峡工程为主的工程地质、环境地质工作。刘广润是五六十年代长江三峡工程地质勘察的技术负责人。

航空摄影原理

围内岩土层的类型、深度、分布、工程特性，分析和评价地基的稳定性、均匀性和承载力；④提供地基变形计算参数、预测建筑物的变形特征；⑤查明埋藏的河道、沟洪、墓穴、防空洞、孤石等对工程不利的埋藏物。

4. 施工勘察

施工勘察主要是设计、施工单位相结合进行的地基验槽，桩基工程和地基工程处理和效果的检验，施工中的岩土工程监测和必要的补充勘察，解决与施工有关的岩土工程问题。遇下列情况之一时，应进行施工勘察：

①基槽开挖后，岩土条件与原勘察资料不符时；②地基处理和基坑开挖需进一步提供或确认岩土参数时；③桩基工程施工需进一步查明持力层时；④地基中溶洞、土洞发育，需进一步查明并提出处理建议时；⑤需进一步查明地下管线或地下障碍物时；⑥施工中建筑边坡有失稳危险时。

7.2　工程地质测绘与调查

7.2.1　工程地质测绘和调查的主要内容

工程地质测绘（调查）是在工程设计之前，工程地质测绘即采用搜集资料、调查访问、地质测量、遥感解译等方法，查明场地工程地质要素，并绘制相应的工程地质图件，为规划、设计、施工部门提供参考。工程地质测绘分为综合性测绘和专门性测绘。

1. 工程地质测绘范围的确定

测绘范围具体考虑以下要求：

（1）工程建设引起的工程地质现象影响的范围。

（2）影响工程建设的不良地质作用的发育阶段及其分布范围。

（3）对查明测区地层岩性、地质构造、地貌单元等问题有重要意义的邻近地段。

（4）地质条件特别复杂时可适当扩大范围。

2. 比例尺的选择

工程地质测绘的比例尺一般有以下三种：

（1）小比例尺测绘：比例尺 $1:5000 \sim 1:50000$，一般可行性研究勘察时采用。

（2）中比例尺测绘：比例尺 $1:2000 \sim 1:5000$，一般初步勘察时采用。

（3）大比例尺测绘：比例尺 $1:500 \sim 1:2000$，一般详细勘察时采用。当地质构造复杂或者重要的建筑物，比例尺可适当放大。

3. 工程地质测绘主要内容

（1）地貌条件。查明地形地貌特征及其与后者的关系，划分地貌单元。

（2）地层岩性。调查地层岩土的性质、成因、年代、厚度和分布。

（3）地质构造。

（4）水文地质条件。

（5）不良地质现象。查明岩溶、土洞、滑坡、泥石流、崩塌、冲沟、断层、地震震害等。

7.2.2　工程地质测绘方法

工程地质测绘方法有像片成图法和实地测绘法。

1. 像片成图法

像片成图法是利用地面摄影或航空（卫星）摄影的像片，结合所掌握的区域地质资料，把判明的地层岩性、地质构造、地貌、水系和不良地质现象等，描绘在单张像片上，并在像片上选择需要调查的若干地点和路线，然后据此做实地调查、进行核对修正和补充。将调查得到的资料，转绘在等高线图上而成工程地质图。

2. 实地测绘法

常用的方法有三种：路线法、布线测点法、追索法。

（1）路线法是沿着在测区内选择的一些路线，穿越测绘场地，把走过的路线正确地填绘在地形图上，并将沿途经过的地质界线、地貌界线、构造线、岩层产状和不良地质现象等信息填绘在底图上。路线形式有 S 形或直线形。路线法一般采用中小比例尺。

（2）布线测点法就是根据地质条件复杂程度和不同测绘比例尺的要求，先在地形图上布置一定数量的观测路线，然后在这些线路上设置若干观测点的方法。观测线路的长度必须满足要求，路线力求避免重复，尽量使一定的观察路线达到最广的观察地质现象的目的。

（3）追索法是一种辅助方法，沿地层走向或某一地质构造方向进行布点追索的方法，以便查明某些局部复杂构造。

3. 工程地质测绘新技术

遥感技术是根据远距离目标的电磁辐射理论，应用各种探测器，从地面到高空对地球、天体观测的综合性技术系统。遥感技术包括航空摄影技术、航空遥感技术和航天遥感技术。

7.3　工程地质勘探

7.3.1　钻探

1. 定义

用钻机设备来破碎地壳岩石或土层，从而在地层中形成一个直径较小、深度较大的钻孔，可取岩心或不取岩心来了解地层深部地质情况的过程。

2. 优点

与坑探、物探相比，具有不受地形、地质条件限制的突出优点；能直接观察岩芯和取样，勘探精度较高；勘探深度大，效率高；能做原位测试和监测工作。

3. 钻探特点

与一般的矿产资源钻探相比，工程钻探有如下特点：

（1）钻探工程的布置，不仅要考虑自然地质条件，还需结合工程类型及其

实地测绘法

国之重技，伟大工程
2020 年 10 月 9 日，又一个新纪录诞生！由川庆 90011 队承钻的双鱼 001-X3 井钻进至井深 8600m 完钻，刷新中国陆上水平井完钻井深最深纪录！同时还刷新了川渝地区井深最深、双鱼石区块最高日进尺 731m、四开首次下入直径 196.85mm 套管等多项纪录！

钻探视频

结构特点。

（2）钻孔孔深一般十余米至数十米，经常采用小型、轻便的钻机。

（3）钻孔多具综合目的，除了查明地质条件外，还要取样、作原位测试和监测等；有些原位测试往往与钻进同步进行，所以不能盲目追求进尺。

（4）在钻进方法、钻孔结构、钻进过程中的观测编录等方面，均有特殊的要求。

4. 钻探方法

工程常用的钻探方法有冲击钻探、回转钻探、振动钻探和冲洗钻探。

（1）冲击钻探：利用卷扬机借钢丝绳将钻机提升到一定高度，利用钻机自重下落产生的冲击动能，钻机反复冲击，钻头击碎孔底部岩土体而形成钻孔。

（2）回转钻探：通过钻杆将旋转力矩传递到孔底钻头，同时施加一定的轴向压力使钻头在回转中切入岩层以达到钻进目的。根据钻头的主要类型和功能可以分为螺旋钻进、环状钻进和无岩芯钻进。

（3）振动钻探：将机械振动产生的振动力，通过钻杆和钻具传到钻头，振动力的作用使钻头能更快地破碎岩土层，钻进速度加快。

（4）冲洗钻探：通过高压射水破坏孔底土层，使土颗粒悬浮随水流循环流出孔外的钻探方法。流出孔外的碎屑是各土层的混合，所以给土体的结构及地层的判断带来困难。

7.3.2 坑探

1. 定义

用锹镐或机械来挖掘坑槽，以便直接观察岩土层的天然状态以及各地层之间的接触关系，并能取出接近实际的原状结构岩土样。

2. 分类

根据开挖空间形状的不同，常用的坑探工程有探槽、试坑、浅井、竖井（斜井）、平硐、石门（平巷）。

3. 坑探特点

（1）特点：勘察人员能直接观察到地质结构，准确可靠，且便于素描；可不受限制地从中采取原状岩土样；可用作大型原位测试。

（2）缺点：使用时往往受到自然地质条件的限制，勘探周期长而耗费资金大，所以坑探在整个勘探中所占的比重约为10%。

4. 坑探方法

（1）探槽。探槽是在地表挖掘成长条形且两壁常为倾斜上宽下窄的槽子，其断面有梯形和阶梯形两种。在第四纪土层中，当探槽深度较大时，常用阶梯形的。

探槽一般在覆土层小于3m时使用。它适用于了解地质构造线、断裂破碎带宽度、地层分界线、岩脉宽度及其延伸方向、采取试样等。

（2）探坑。凡挖掘深度不大且形状不一的坑，或者成矩形的较短的探槽状的坑，都称为浅坑，也称探坑。浅坑的目的与上述探槽的目的相同。浅坑深度

坑探视频

一般为 1～2m。

（3）探井。探井深度都大于 3m，一般不大于 15m。断面形状有方形的、矩形的和圆形的。方形的或矩形的探井称为浅井，其断面尺寸有 1m×1m，1m×1.2m，1.5m×1.5m 等。圆形的称为小圆井，其断面直径一般为 0.6～1.25m。

5. 坑探工程的编录

探槽编录、探坑编录、探井编录应进行岩石描述，并辅以剖面图、展开图等全面反映井壁、底部的岩性、地层分界线、构造特征、取样或原位测试位置，代表性部位有彩色照片。

7.3.3　地球物理勘探

不同的岩石、土层和地质构造往往具有不同的物理性质，利用其导电性、磁性、弹性、湿度、密度、天然放射性等差异，通过专门的物探仪器的量测，就可区别和推断有关地质问题。地球物理勘探（简称物探）是一种兼有勘探和测试双重功能的技术。

按照利用岩石不同的物理性质分为声波探测、电法探测、地震探测、重力勘探、磁力勘探和核子勘探。最普遍采用的物探方法是电法探测和地震探测。

物探特点：速度快、设备轻便、效率高、成本低，属于间接测量的方法，在察察中与其他勘探工程结合使用。

瞬变电磁技术
的基本原理

7.4　地下建筑物工程地质勘察

地下建筑是指人工开挖或天然存在于岩土体中作为各种用途的建（构）筑物。地下建筑物工程地质勘察应查明地下建筑物所处区域的工程地质条件，分析影响地下洞室围岩稳定性的工程地质因素和工程地质问题，评价地下洞室围岩的稳定性，为地下建筑物的设计、施工和支护提供所需的工程地质资料。

7.4.1　地下建筑物工程地质勘察内容

1. 基本地质条件勘察

（1）地下建筑物区基本地质条件勘察应查明地形地貌、地层岩性、地质构造、物理地质现象、岩溶和水文地质条件。

（2）地下建筑物区地形地貌勘察应符合下列要求：①地下建筑物区地形地貌勘察应查明地貌形态和成因类型，并应分析其与岩性、地质构造和新构造运动的关系。②隧洞沿线地形地貌勘察应查明地表水系与沟谷的发育程度、切割深度及沟内水量变化。③地下厂房枢纽布置区地形地貌勘察应查明地形地貌特征、沟谷分布、切割深度及地形完整程度。

（3）地下建筑物区地层岩性勘察应符合下列要求：①岩浆岩勘察应查明岩石矿物成分、化学成分、结构、原生构造和岩相特征，并应符合下列要求：A. 侵入岩体和脉岩应查明其产出形态、分布规模、接触关系、接触带的蚀变特征。B. 喷出岩应查明其流动构造及分带、喷发旋回、与上下地层接触关系。C. 岩浆岩的蚀变、喷发间断、岩脉及其接触关系等应重点勘察。②沉积岩勘

用脚步丈量祖国山川大河

中国工程地质勘探专家朱建业笑谈70年水电地质人生：当时没有经验可循，也无规程规范指导，工程很难推进，但是我始终牢记党和国家交给我的使命，从没想过放弃。凭着建设强大祖国的初心和一股子不服输的劲头，顶着冬季零下二十多度的严寒，经过无数个漫长的加班夜，朱建业和团队克服重重困难，按照国家第一个五年计划重点工程项目的进度要求，按期高质量提交地质报告，保障了北京官厅水电站顺利施工发电。

察应查明岩石矿物成分、化学成分、结构、构造、胶结程度、岩性岩相变化、沉积韵律特征、建造类型、地层接触关系。地下建筑物区分布的软弱岩层、可溶岩类、煤系地层、膨胀岩类、易溶盐岩类应重点勘察。③变质岩勘察应查明岩石矿物成分、化学成分、结构、构造、变质程度及其变质作用类型。软弱的千枚岩、板岩、片岩等岩层应重点勘察。④地下建筑物区工程地质岩组应按岩石的成因类型、岩质特征、结构特征、成层组合条件以及岩石物理力学特性等因素划分。岩组划分详细程度应与工程地质测绘比例尺相适应。软弱夹层、膨胀岩、易溶盐岩、有害气体及放射性矿物赋存的岩层等可放大比例尺表示。⑤地下建筑物进出口段、傍山浅埋段、过沟段勘察，应查明第四纪覆盖层的分布、成因类型、厚度、层次结构及其物质组成。

（4）地下建筑物区地质构造勘察应符合下列规定：①地下建筑物区地质构造勘察应明确所处大地构造部位、外围主要褶皱与断裂构造的分布和规模。②地下建筑物区褶皱勘察应查明岩层的产状，褶皱的形态特征、规模及展布。③地下建筑物区断层勘察应查明断层的分布、产状，破碎带及影响带宽度与构造岩组成，并应按产状对断层进行分组，按规模对断层进行分级，按性状对断层进行分类。地下建筑物区岩体结构面分级应符合现行国家标准 GB 50287—2016《水力发电工程地质勘察规范》的有关规定。④对地下建筑物围岩稳定性有重要影响的断层，应予重点勘察。当隧洞穿越可能的活断层时，应研究活断层的活动性及其对隧洞工程的影响。断层活动性的研究应符合现行行业标准 NE/T 35098—2017《水电工程区域构造稳定性勘察规程》的有关规定。⑤地下建筑物区节理裂隙勘察宜调查统计节理裂隙的组数、优势产状、间距、延续性、粗糙起伏程度、裂隙面风化蚀变程度、张开度、充填物、地下水状态、岩体体积节理数等。统计窗口面积不应小于 $10m^2$，统计窗口的布置应具有地质代表性，并应考虑其方向性。

（5）地下建筑物区物理地质现象勘察应符合下列要求：①地下建筑物区岩体风化特征勘察应查明风化程度及深度，重点是各风化带在洞室进口出口段、浅埋洞段和地下厂房布置段的分布、厚度及其特性。岩体风化带的划分应符合现行国家标准《水力发电工程地质勘察规范》的有关规定。②地下建筑物区岩体卸荷特征勘察应查明岩体卸荷程度及深度，重点是各卸荷带在洞口段、浅埋洞段和地下厂房布置段的分布、厚度及其特性。岩体卸荷带划分应符合《水力发电工程地质勘察规范》的有关规定。③地下建筑物区边坡变形破坏现象勘察应查明崩塌、滑坡、变形体等的分布、规模、发育特征，重点是洞口段、浅埋洞段、地下厂房布置段边坡变形破坏特征和洞线上大型崩塌、滑坡、变形体的分布及稳定性。④地下建筑物区泥石流勘察应查明泥石流的分布、类型、规模、流域特征、形成条件、发育历史和发展趋势，重点是洞口附近的泥石流发育特征。⑤地下建筑物区废旧矿洞及采空区勘察应查明其分布、形态、规模、地面和地下变形破坏特征。⑥地下建筑物区岩土体冻融风化现象勘察应查明冻融风化层及其形成的块碎石，冻融岩屑流，冻融泥石流等的分布、规模、特征，重点是洞口段和浅埋洞段岩土体冻融风化特征。

（6）地下建筑物区应开展岩溶勘察。岩溶勘察应符合现行行业标准 NB/T 10075—2018《水电工程岩溶工程地质勘察规程》的有关规定。

（7）地下建筑物区水文地质条件勘察应符合下列要求：①地下建筑物区水文地质条件勘察应查明地下水的基本类型、水位、埋深、水压、水量、水温和水化学成分，岩体的含水性和透水性，划分含水层与相对隔水层；并应结合泉水的出露，分析各含水层的补给、径流与排泄条件，划分水文地质单元。②地下建筑物区水文地质条件勘察应重点勘察洞室可能通过的向斜轴部、断层破碎带及其交汇部位、节理裂隙密集带、浅埋段、过沟段等部位的汇水条件。

2. 工程地质特性勘察

（1）围岩物理力学性质勘察应符合下列要求：①岩石的物理力学性质勘察应取样测定岩石的密度、吸水率、抗压强度、抗拉强度、抗剪强度、点荷载强度、弹性模量、泊松比、声波值等。②岩体的力学性质勘察应现场测定岩体的变形模量、抗剪强度、波速值等，可测试围岩的单位弹性抗力系数。③结构面的力学性质勘察应测定结构面的抗剪强度、软弱夹层的变形与渗透变形参数等。④围岩的坚固系数、单位弹性抗力系数和强度应力比的确定宜符合 DGJ32/TJ 208—2016《岩土工程勘察规范》的规定。

（2）地下建筑物岩体初始地应力勘察应符合下列要求：①地下建筑物岩体初始地应力勘察应测试地应力量级、方向，并应进行岸坡岩体地应力的分带分区。岩体初始地应力的确定应符合国家现行标准《水力发电工程地质勘察规范》、DL/T 5367—2007《水电水利工程岩体应力测试规程》的有关规定。②地下建筑物岩体初始地应力勘察应进行岩体初始地应力的分级、高地应力条件下岩体变形破坏分类及岩爆判别。岩体初始地应力的分级、高地应力条件下岩体变形破坏类型及岩爆判别应符合现行国家标准《水力发电工程地质勘察规范》的有关规定。

（3）地下建筑物覆盖层物理力学性质勘察应测定其天然含水率、密度、变形模量、压缩模量、抗剪强度、渗透系数等。

（4）特殊岩土物理力学性质勘察应符合下列要求：①软质岩应勘察其地质成因，应测定其岩石的天然含水率、密度、抗压强度、耐崩解性指数和自由膨胀率等，并可进行流变特性试验研究。软质岩地质成因类型划分应符合现行行业标准 NB/T 10339—2019《水电工程坝址工程地质勘察规程》的有关规定。②膨胀岩应测定其矿物成分、化学成分、阳离子交换量、饱和吸水率、自由膨胀率、一定压力下的膨胀率、膨胀力等。膨胀岩地质特征判别及分类应符合《水电工程坝址工程地质勘察规程》的有关规定。③易溶盐岩应勘察其在流水作用下的溶解性、溶陷性、盐胀性及其对混凝土和金属结构的腐蚀性。④黄土应测定其含水率、塑限、液限、抗剪强度、湿陷系数等。黄土湿陷性判别应符合《水电工程坝址工程地质勘察规程》的有关规定。⑤冻土应测定其总含水量、体积含冰量、相对含冰量、冻结温度、导热系数、多年冻土上限深度、季

《水电工程地下建筑物工程地质勘察规程》为行业标准，编号为 NB/T 10241—2019，自 2020 年 5 月 1 日起实施。本规程根据《国家能源局关于下达 2015 年能源领域行业标准制（修）订计划的通知》（国能科技〔2015〕283 号）的要求，规程编制组经广泛调查研究，认真总结实践经验，并在广泛征求意见的基础上，修订本规程。本规程的主要技术内容是：基本规定地下建筑物工程地质勘察内容、地下建筑物工程地质勘察方法、地下建筑物围岩工程地质评价、地下建筑物施工地质。本规程由国家能源局负责管理，由水电水利规划设计总院提出并负责日常管理，由能源行业水电勘测设计标准化技术委员会负责具体技术内容的解释。

节性冻土的下限深度等。冻土围岩的冻胀性和融陷性应重点勘察。

（5）地温、有害气体及放射性物源勘察应符合下列要求：①地温勘察应收集地区地温地热资料，测定地下建筑物区钻孔和探洞不同深度岩体的温度、导热系数和导温系数等。②有害气体勘察应收集可能产气、储气岩层分布的资料，分析有害气体的运移、聚集条件、封闭条件等，测定有害气体的成分和含量。③放射性物源勘察应收集有关放射性物源的区域地质资料，利用探洞、钻孔、施工支洞，测定氡及其子体平衡当量浓度和环境放射性辐射量等。

（6）涌水、突泥勘察应符合下列要求：①涌水、突泥勘察应收集地区降水量资料，并应查明隧洞沿线沟谷、溶蚀洼地等的分布情况及其地表水流状况，重点查明沟谷和洼地汇水面积、汇水条件、覆盖层及风化破碎岩石的分布。②涌水、突泥勘察应查明围岩中向斜轴部、软弱岩带、断层破碎带、裂隙密集带等分布发育特征。③涌水、突泥勘察应查明围岩中溶洞、溶蚀裂隙密集带及其块碎石土充填特征。④涌水、突泥勘察应开展地下水、泉水及地表水的动态观测。

（7）地下建筑物围岩勘察的重点应根据岩体的坚硬程度和岩体的结构类型确定，并应符合下列要求：①坚硬完整岩体应重点测试研究岩体地应力状态、岩石强度应力比，分析高地应力对开挖洞室围岩的影响。②坚硬裂隙块状岩体应重点勘察各种结构面的发育情况、组合形态，测试物理力学特性，分析其组合块体对围岩局部稳定性的影响。③坚硬层状岩体应重点调查层面、层间挤压错动带等，测试力学性质的各向异性特征，分析对围岩稳定性的影响。④软弱岩体应重点测试其黏土矿物成分、物理力学性质、水理性质及流变特性等，分析其对成洞的不利影响。

7.4.2　地下建筑物工程地质勘察方法

1. 隧洞工程地质勘察方法

（1）隧洞区工程地质测绘应符合下列要求：①隧洞区工程地质测绘应在收集已有地形地质资料和开展遥感解译工作的基础上进行。各勘察设计阶段工程地质测绘的方法、范围及比例尺应符合《水力发电工程地质勘察规范》和 NB/T 10074—2018《水电工程地质测绘规程》的有关规定。②隧洞区工程地质测绘成果应利用施工导洞及支洞的地质编录资料进行复核。

（2）隧洞勘探应符合下列要求：①隧道洞口、过沟段、浅埋段，以及可能存在重大工程地质问题的地段应进行勘探。②勘探的主要手段宜采取探洞、钻探及物探等。深埋隧洞可布置超深钻孔，深埋越岭隧洞可布置超长探洞。探洞勘探应符合 NB/T 10340—2019《水电工程坑探规程》的有关规定。钻探应符合 NE/T 35115—2018《水电工程钻探规程》的有关规定。物探应符合 NE/T 10227—2019《水电工程物探规范》的有关规定。

（3）隧洞围岩试验和测试应符合下列要求：①隧洞围岩应取样进行岩石物理力学性质试验、磨片鉴定、矿物成分化学成分分析等。岩石的物理力学性质试验应符合 DL/T 5368—2007《水电水利工程岩石试验规程》的有关规定。岩土体矿物成分化学成分分析应符合 NB/T 35102—2017《水电工程钻孔土工原位测试规程》的有关规定。②隧洞围岩特殊岩土试验与测试应符合下列要求：a. 软质岩和膨胀岩应开展膨胀特性及耐崩解性等专门试验。b. 易溶盐岩应开展溶蚀特性专门试验。c. 黄土应开展专门试验与测试。d. 冻土应开展专门试验与测试。③当隧洞穿越可能的活断层时，应进行活断层活动年龄测定。活断层活动年龄测定应符合 NB/T 35098—2017《水电工程区域构造稳定性勘察规程》的有关规定。④隧洞围岩宜利用探洞或施工导洞进行岩体回弹值测试、弹性波速测试、地球物理测井。隧洞围岩可进行抗剪强度试验、变形试验、孔内弹模试验、地应力测试、单位弹性抗力系数测试。岩体力学性质试验应符合《水电水利工程岩石试验规程》的有关规定。岩体地应力测试应符合 DL/T 5367—2007《水电水利工程岩体应力测试规程》的有关规定。物探测试应符合《水电工程物探规范》的有关规定。⑤隧洞地温、有害气体含量及放射性测试应在钻孔、探洞、施工导洞内进行。⑥地下水、地表水应取样进行水质分析。水质分析应符合 NB/T 35052—2015《水电工程地质勘察水质分析规程》的有关规定。⑦隧洞围岩应进行钻孔压水试验，可开展水力劈裂和高压压水试验。钻孔压水试验应符合 NE/T 35113—2018《水电工程钻孔压水试验规程》的有关规定。

（4）隧洞应开展地下水动态长期观测，且不应少于 1 个水文年。观测项目宜包括地下水位、水压、水量、水温及水质等，观测点宜包括钻孔、探洞和泉水等。

（5）复杂地质条件洞段和重要洞段宜布置围岩变形观测和监测。围岩变形观测和监测应符合 NB/T 10486—2021《水电水利岩土体监测规程》和 NB/T 35039—2014《水电工程地质观测规程》的有关规定。

2. 地下厂房系统工程地质勘察方法

（1）地下厂房系统区工程地质测绘应符合下列要求：①地下厂房系统区工程地质测绘应在收集已有地形地质资料的基础上开展。各勘察设计阶段工程地质测绘的方法、范围及比例尺应符合《水力发电工程地质勘察规范》和《水电工程地质测绘规程》的有关规定。②地下厂房系统区工程地质测绘成果应利用施工导洞及支洞的地质编录资料进行复核。

（2）地下厂房系统勘探应符合下列规定：①地下厂房系统勘探应控制在一定范围，主要包括调压井、高压管道、岔管、地下厂房洞室群及尾水隧洞。勘探的主要手段应为探洞、钻探、物探。探洞勘探应符合《水电工程坑探规程》的有关规定。钻探应符合《水电工程钻探规程》的有关规定。物探应符合现行行业标准《水电工程物探规范》的有关规定。②地下厂房等大跨度地下洞室勘探应布置探洞。常规地下厂房探洞宜在拟建厂房的拱座高程附近纵横方向布置，探洞深度宜穿过拟建洞室后 1 倍边墙高度的距离；抽水蓄能电站地下厂房探洞宜在拟建厂房洞顶以上 30～50m 纵横方向布置，探洞深度应进入埋置最深、水头最高的岔管以里的位置。③根据地质条件的复杂程度和拟建地下洞室的规模，地下厂房等大跨度地下洞室勘探可在探洞内布置不同方向的钻孔，其中铅直钻孔深度应进入设计洞底高程以下10～30m。④常规调压室和气垫式调压室勘探均应布置探洞、钻孔。高压管道应布置钻孔，可布置探洞。⑤地下厂房等洞室勘探宜进行洞间、孔间弹性波或电磁波的 CT 层析成像。

（3）地下厂房系统岩石岩体物理力学试验和测试应符合下列要求：①地下厂房系统围岩应取样进行岩石物理力学性质试验、磨片鉴定、矿物成分化学成分分析等，可取样进行结构面抗剪强度试验、岩石三轴强度试验、流变试验和特殊岩的专门试验等。岩石的物理力学性质试验应符合《水电水利工程岩石试验规程》的有关规定。岩土体矿物成分、化学成分分析应符合《水电工程钻孔土工原位测试规程》的有关规定。②地下厂房系统围岩应在探洞内进行岩体现场试验，宜包括岩体及结构面的抗剪强度试验、变形模量试验、岩体声波波速测试、地震波波速测试，并宜建立岩体波速与静变形模量的相关关系，可进行软弱岩层流变试验等。高压管道可测试围岩单位弹性抗力系数。岩体力学性质试验和波速测试应符合《水电水利工程岩石试验规程》和《水电工程物探规范》的有关规定。③地下厂房等洞室探洞应进行岩体初始地应力测试，可采取应力解除法、水压致裂法等，并应根据测试成果进行地应力场回归分析。高压管道和气垫式调压室探洞应进行水压致裂法地应力测试。岩体地应力测试应符合《水电水利工程岩体应力测试规程》的有关规定。④在施工详图设计阶段，地下厂房系统宜用弹性波和钻孔全景图像方法，测定围岩开挖爆破松动圈范围和松动程度。⑤地下厂房系统地温、有害气体含量及放射性测试应在钻孔、探洞和施工导洞内进行。

（4）地下厂房系统水文地质试验应符合下列要求：①地下厂房系统应进行钻孔压水试验。钻孔压水试验应符合《水电工程钻孔压水试验规程》的有关规定。高压管道、高压岔管和气垫式调压室等布置地段，还应进行钻孔高压压水试验，其最大试验压力值不应小于设计最大水头值或设计最大气压值的 1.2 倍；可开展水力劈裂试验。②地下厂房系统水文地质试验应测定钻孔和探洞内地下水的水位、水压、水量、水温。③地下水、地表水应取样进行水质分析。水质分析应符合《水电工程地质勘察水质分析规程》的有关规定。

（5）地下厂房系统地下水渗流场研究可采用数值模拟法。

（6）地下厂房系统应开展地下水动态观测，且观测时间不应少于 1 个水文年。观测项目应主要包括地下水位、水压、水量、水温及水质，观测点应主要包括钻孔、探洞及泉水。

（7）地下厂房系统宜进行围岩变形观测和监测。围岩变形观测宜利用探洞或试验洞开展，施工详图设计阶段应配合布置围岩变形监测。围岩变形观测和监测应符合《水电水利岩土体监测规程》和《水电工程地质观测规程》的有关规定。

7.4.3　地下建筑工程施工地质

1. 专门性工程地质问题勘察

（1）地下建筑物局部洞段、局部部位存在围岩较大变形或出现其他不良工程地质问题，应进行专门性工程地质问题勘察。

（2）专门性工程地质问题勘察应复核变形或可能失稳边界条件及其参数，分析变形破坏机制与类型，查明不良工程地质问题，提出处理建议。

（3）专门性工程地质问题勘察方法和勘察工作量应根据工程地质问题的复杂性和场地条件等因素确定，并应符合下列要求：①专门性勘察方法应利用各种施工开挖面，编录收集地质资料。②专门性勘察方法应采用工程地质测绘，宜布置勘探与试验。③专门性勘察方法应利用监测和检测资料，进行地质综合分析。

（4）地下建筑物专门性工程地质问题勘察报告应在专门性勘察工作结束后提交。

2. 施工地质工作

（1）地下建筑物施工地质工作可分为开挖期和最终断面形成后两期进行。

（2）开挖期施工地质工作应符合下列要求：①开挖期施工地质工作应收集和编录施工开挖揭露的地质现象。②开挖期施工地质工作应随着施工开挖进行地质观察巡视。③开挖期施工地质工作可进行围岩试验和测试。④开挖期施工地质工作应进行施工地质预测预报。⑤开挖期施工地质工作应复核围岩工程地质分类及围岩工程地质分段。⑥开挖期施工地质工作应参与围岩支护方案研究。

（3）最终断面形成后施工地质工作应符合下列要求：①最终断面形成后施工地质工作应进行围岩工程地质测绘。②最终断面形成后施工地质工作应核定围岩工程地质分类及物理力学性质参数。③最终断面形成后施工地质工作应编写围岩施工地质说明书。④最终断面形成后施工地质工作应进行洞室围岩质量评价，参与围岩验收并填写地质意见。

（4）施工地质编录应随开挖和扩挖进行，采用地质巡视、观察、素描、实测、摄像等方法与手段，收集地质资料，提供评价围岩松弛、变形与稳定，优化支护方案设计的依据。

（5）施工期的复核试验与测试内容主要包括室内岩石物理力学性质试验、水质分析、围岩变形模量、抗剪强度和地应力测试等。

（6）施工期的观测与监测内容主要包括地下水涌水、围岩变形破坏、高地应力及岩爆现象、地温、有害气体及放射性等。

（7）地下建筑物施工地质编录与测绘、取样与试验、观测与预报、评价与验收工作应符合 NB/T 35007—2013《水电工程施工地质规程》的有关规定。

（8）施工地质工作所收集编录的全部资料应进行分类整理、归档。归档资料宜包括下列主要内容：①施工地质工作大纲、技术规定和要求。②施工地质测绘、编录等原始记录、底图和地质说明。③地质影像资料。④施工地质简报、施工地质预报及附图。⑤需要长期保存的岩土样标本及其他实物资料。⑥运行期的地质监测要求。⑦施工地质日志，重要地质问题技术会议记录、决定。⑧上级批示文件、会议纪要、有关单位对围岩工程地质问题的鉴定意见与咨询意见。⑨与设计、施工、监理、业主及其他有关单位的技术性往来文件。⑩设计变更、优化地质资料。⑪地下建筑物区各阶段工程地质勘察报告、专题报告、施工期专门性工程地质问题勘察报告、单项工程验收地质说明书、工程安全鉴定和验收地质自检报告、竣工地质报告及附图。⑫归档目录及说明书。

地震勘探原理

7.5　工程地质勘察报告

《岩土工程勘察规范》要求勘察报告包括下列内容：①勘察的目的、任务和依据的技术标准；②拟建工程概况；③勘察方法和勘察工作布置；④场地地形、地貌、地层、地质构造、岩土性质及其均匀性；⑤各项岩土性质指标、岩土的强度参数、变形参数、地基承载力的建议值；⑥地下水埋藏情况、类型、水位及其变化；⑦土和水对建筑材料的腐蚀性；⑧可能影响工程稳定的不良地质作用的描述和对工程危害程度的评价；⑨场地稳定性和适宜性评价。

7.5.1　工程地质勘察报告的组成

1. 文字部分

文字部分包括以下内容：工程概况；勘察方法和勘探工作量布置；场地工程地质条件，地形地貌、地质构造、地层岩性、水文地质条件、不良地质作用等；场地岩土工程评价，即区域稳定性评价、场地和地基稳定性评价、地基均匀性评价、岩土参数建议值、地基承载力特征值；地下水埋藏类型、水位及其变化及场地地下水对建筑材料的腐蚀性评价；对岩土利用、整治和改造的方案进行分析论证，提出建议；对工程施工和使用期间可能发生的岩土问题进行预测，基础监控和预防措施的建议。

工程地质剖面图

2. 图表部分

（1）勘探点平面布置图。勘探点平面布置图是在地形图上标明工程构筑物、各勘探点（探坑、探槽、浅井、钻孔）的平面位置、各现场原位测试点以及勘探剖面线的位置，并注明各勘探点、原位测试点的坐标及高程。

（2）工程地质剖面图。绘制工程地质剖面图是依据各勘探点的成果和土工试验成果，先绘制勘探线的地形剖面线，标出各钻孔的地层层面，在钻孔的两侧分别标出层面的高程和深度，将相邻钻孔中相同土层分界点以直线相连。

（3）钻孔柱状图。它是根据现场钻孔记录整理出来的能够反映地基土层的分布、地层的名称及特征、钻进的工具、方法和具体事项，并用一定的比例尺、图例和符号表示的图件，还应标出取土深度、标准贯入试验位置和地下水水位等资料。

（4）综合地层柱状图。综合地层柱状图所需的资料是在野外地质工作中取得的，将一个地区的全部地层按其时代顺序、接触关系及各层位的厚度大小编制的图件。

（5）主要的附表、插表。根据项目任务要求，勘察报告中还需要提供如下附表：土工试验成果汇总表、原位测试成果表、岩土工程事故调查与分析报告、岩土利用整治或改造方案、专门岩土工程的技术咨询报告等，为详细了解地质情况提供依据。

7.5.2 勘察报告的阅读要点

岩土勘察报告包括了8条强制性条文，是阅读勘察报告时应重点关注的。

（1）对于设计人员，要仔细阅读文字部分的内容，看懂图件及附表部分，看清水位情况，了解地基承载力标准值、基本值、特征值、设计值。

（2）对于施工人员，主要是了解在施工过程中地层开挖情况是否与勘察报告相符，如果相差很大，要进行基础设计的修改以及施工勘察。开挖到设计标高后，要勘察地基承载力是否满足要求，在基础施工过程中基坑降水方案的设计应按照地勘报告提供的相关参数（丰、枯水期地下水位，渗透系数等）进行计算。

7.6   与工程有关的勘察要点

7.6.1   道路工程的工程地质勘察

（1）线性工程，关键定线。

（2）选线勘察（以调查为主）。

（3）定线勘察（重点查不良地质条件）。

（4）定测勘察（查明沿线地质构造、地下水、岩土体性质等）。

7.6.2   桥梁工程的工程地质勘察

1. 初步设计阶段勘察要点

路线所处自然地质条件、地形地貌、水文地质条件、岩土体性质及厚度等。

2. 施工设计阶段勘察要点

桥梁墩台地基的地质条件、岩土体风化程度、不良地质作用等。

7.6.3   建筑工程的工程地质勘察

1. 建筑工程地质问题

区域稳定性问题、斜坡的稳定性问题、地基的稳定性问题、建筑物的配置问题、地下水的腐蚀性问题、地基的施工条件问题。

2. 建筑工程的地质勘察要点

（1）可行性研究勘察阶段。主要任务是选址，通过调查列出几个可行方案，经济技术比较选择最优方案。在确定建筑物场地时，在工程地质方面，宜避开下列地段：①不良地质现象发育且对场地稳定性有直接危害或潜在威胁的；②地基土性质严重不良的；③对建筑物抗震危险的；④洪水或地下水对建筑场地有严重不良影响的；⑤地下有未开采的有价值矿藏或未稳定的地下采空区。

（2）初步勘察阶段。①搜集可行性研究阶段岩土工程勘察报告，取得建筑区范围的地形图及有关工程性质、规模的文件资料。②初步查明地层、构造、

综合地层柱状图

《建筑工程地质勘探与取样技术规程》为行业标准，编号为 JGJ/T 87—2012，自 2012 年 5 月 1 日起实施。本规程的主要技术内容是：1. 总则；2. 术语；3. 基本规定；4. 勘探点位测设；5. 钻探；6. 钻孔取样；7. 井探槽探和洞探；8. 探井探槽和探洞取样；9. 特殊性岩土；10. 特殊场地；11. 地下水位量测及取水试验；12. 岩土样现场检验、封存及运输；13. 钻孔、挖井、探槽和探洞回填；14. 勘探编录与成果。

岩土物理力学性质、地下水埋藏条件及冻结深度。③查明场地不良地质现象的类型、规模、成因、分布、对场地稳定性的影响及其发展趋势。④对抗震设防烈度大于或等于 7 度的场地,应判定场地和地基的地震效应。

(3) 详细勘察阶段。详细勘察是各勘察阶段中最重要的一次勘察,主要是最终确定地基和基础方案,为地基和基础设计计算提供依据。该阶段应按不同建筑物或建筑群提出详细的岩土工程资料和设计所需的岩土技术参数;对建筑地基应作出岩土工程分析评价,并应对基础设计、地基处理、不良地质现象的防治等具体方案作出论证和建议,主要应进行以下工作:

1) 取得附有坐标及地形的建筑物总平面布置图,各建筑物的地面整平标高,建筑物的性质、规模、结构特点,可能采取的基础形式、尺寸、预计埋置深度,对地基基础设计的特殊要求。

2) 查明不良地质现象的成因、类型、分布范围、发展趋势及危害程度,并提出评价与整治所需的岩土技术参数和整治方案建议。

3) 查明建筑物范围各层岩土的类别、结构、厚度、坡度、工程特性,计算和评价地基的稳定性和承载力。

4) 对需进行沉降计算的建筑物,提供地基变形计算参数,预测建筑物的沉降、差异沉降或整体倾斜。

5) 对抗震设防烈度大于或等于 6 度的场地,应划分场地土类型和场地类别;对抗震设防烈度大于或等于 7 度的场地,尚应分析预测地震效应,判定饱和砂土或饱和粉土的地震液化,并应计算液化指数。

6) 查明地下水的埋藏条件。当基坑降水设计时尚应查明水位变化幅度与规律,提供地层的渗透性。

7) 判定环境水和土对建筑材料和金属的腐蚀性。

8) 判定地基土及地下水在建筑物施工和使用期间可能产生的变化及其对工程的影响,提出防治措施及建议。

9) 对深基坑开挖尚应提供稳定计算和支护设计所需的岩土技术参数,论证和评价基坑开挖、降水等对邻近工程的影响。

10) 提供桩基设计所需的岩土技术参数,并确定单桩承载力,提出桩的类型、长度和施工方法等建议。

课 后 拓 展 学 习

(1) 总结工程地质勘察内容和方法的要点。
(2) 工程地质勘察等级与建设工程的对应关系。
(3) "工程地质勘察报告" 编制。

课 后 实 操 训 练

阅读 "××地区工业园一期安置房工程地质勘察报告"。

教 学 评 价 与 检 测

评价依据：

1. 报告阅读心得

2. 理论测试题

(1) 工程地质勘察的任务是什么？

(2) 工程地质勘察等级划分为几个等级？划分的依据是什么？

(3) 工程地质勘察划分为哪些阶段？各阶段的工作有哪些？

(4) 工程地质勘察的主要方法有哪些？

(5) 工程地质勘察报告的内容有哪些？

(6) 如何编制和阅读地质勘察报告？

参 考 文 献

[1]　张士彩. 工程地质. 2版. 武汉：武汉大学出版社，2017.

[2]　倪宏革. 工程地质. 3版. 北京：北京大学出版社，2016.

[3]　任建喜，年廷凯. 岩土工程测试技术. 2版. 武汉：武汉理工大学出版社，2015.

[4]　石振明，孔宪立. 工程地质学. 2版. 北京：中国建筑工业出版社，2011.

[5]　胡厚田，白志勇. 土木工程地质. 2版. 北京：高等教育出版社，2009.

[6]　许明，张永兴. 岩石力学. 4版. 北京：中国建筑工业出版社，2020.